安全员岗位培训丛书

建筑企业安全员岗位培训教程

谢振华　编著

中国劳动社会保障出版社

图书在版编目(CIP)数据

建筑企业安全员岗位培训教程/谢振华编著. —北京：中国劳动社会保障出版社，2016

(安全员岗位培训丛书)

ISBN 978 -7 -5167 -2534 -4

Ⅰ.①建… Ⅱ.①谢… Ⅲ.①建筑企业-安全生产-生产管理-岗位培训-教材 Ⅳ.①TU714

中国版本图书馆 CIP 数据核字(2016)第 115794 号

中国劳动社会保障出版社出版发行

(北京市惠新东街 1 号 邮政编码：100029)

*

三河市华骏印务包装有限公司印刷装订 新华书店经销

880 毫米×1230 毫米 32 开本 8.125 印张 176 千字

2016 年 7 月第 1 版 2016 年 7 月第 1 次印刷

定价：25.00 元

读者服务部电话：(010) 64929211/64921644/84626437

营销部电话：(010) 64961894

出版社网址：http://www.class.com.cn

前　言

安全员作为企业基层的安全生产管理人员，肩负着企业安全生产的重任，安全员的工作能力与水平，直接关系到企业的安全生产水平。所以，安全员应该具备敏锐的安全意识和丰富的安全生产知识，在工作中能够辨识危险源，分析危险、有害因素，及时向领导反映，提出整改意见和措施，把事故扼杀在萌芽状态，确保企业的生产安全和职工的生命健康。

安全员的工作能力不仅要在平时的工作实践中获得，更重要的是要系统地进行理论学习，掌握新的安全技术和方法，不断地把理论应用于实践，用学到的知识指导日常工作，才能使安全管理工作系统化、全面化，不会遗留安全隐患和死角。“安全员岗位培训丛书”正是从这个角度出发，全面、系统地讲述了行业安全生产的特点，安全员需要掌握的相关法律、法规、制度、标准和特定企业的生产技术，以及职业健康和应急救援知识，是为企业安全员量身定做的一套培训和学习图书，适合于安全员岗位培训和日常工作参考。此套丛书具有以下特点：

1. 权威性。此套丛书的作者均为安全生产领域资深的专家、学者，在安全生产理论研究领域有所建树，又常深入企业生产一线进行安全生产工作指导，熟悉企业的生产特点。

2. 实用性。此套丛书不仅讲述了企业安全员应该掌握的基本知识，还穿插列举了一些真实案例，并给予恰当的点评，对安全员具有实际指导意义。

3. 专业性。此套丛书除设置一本企业安全员通用的教材之外，其他均按行业编写，突出行业特色，更具有针对性。

内容简介

本书介绍了建筑企业安全员应掌握的安全生产有关知识，包括安全生产法律、法规知识，建筑企业安全生产基本知识，安全生产管理知识，安全生产技术知识，职业健康知识共五章。

本书叙述简明扼要，内容密切联系生产实际、通俗易懂，并配有大量事故案例。本书既可作为建筑企业安全员岗位培训的教材，也可供从事建筑企业安全生产工作的有关人员使用、参考。

本书由谢振华编著，张雪冬、陈茜、陆晓玥参与编写。

目　录

第一章 安全生产法律、法规知识

第一节 安全生产法律体系

一、安全生产法律、法规的种类及框架

1. 安全生产法律、法规的种类

我国有关安全生产的法律、法规很多。我国全部现行的、不同的安全生产法律规范形成的有机联系的统一整体称为安全生产法律体系，包括安全生产法律、法规、规章和标准等。

（1）法律。我国有关安全生产的专门法律有《安全生产法》《消防法》《道路交通安全法》《海上交通安全法》《特种设备安全法》《矿山安全法》；与安全生产相关的法律主要有《职业病防治法》《劳动法》《突发事件应对法》《刑法》《矿产资源法》《铁路法》《公路法》《民用航空法》《港口法》《建筑法》《煤炭法》《电力法》《环境保护法》《行政处罚法》等。

（2）法规。安全生产法规包括行政法规和地方性法规。安全生产行政法规是由国务院组织制定颁布的，是实施安全生产监督管理和监察工作的重要依据。安全生产行政法规主要有《生产安全事故报告和调查处理条例》《工伤保险条例》《建设工程安全生产管理条例》

《煤矿安全监察条例》《危险化学品安全管理条例》《烟花爆竹安全管理条例》《民用爆炸物品安全管理条例》《特种设备安全监察条例》《安全生产许可证条例》等。

地方性安全生产法规是指由地方人民代表大会及其常务委员会制定的安全生产规范性文件，以解决本地区特定的安全生产问题为目标，具有较强的针对性和可操作性。

（3）规章。安全生产规章包括国务院有关部门颁布的安全生产规章和地方政府安全生产规章。国家安全生产监督管理总局颁布的有关安全生产的部门规章主要有《建设项目安全设施“三同时”监督管理暂行办法》《建设工程消防监督管理规定》《生产经营单位安全培训规定》《特种作业人员安全技术培训考核管理规定》《安全生产事故隐患排查治理暂行规定》《职业病危害项目申报办法》《安全生产违法行为行政处罚办法》《用人单位职业病危害防治八条规定》《企业安全生产应急管理九条规定》《企业安全生产风险公告六条规定》等。

（4）标准。安全生产标准既是安全生产法律、法规体系中的重要组成部分，也是安全生产管理的基础和监督执法工作的重要技术依据。安全生产标准有国家标准、行业标准、地方标准和企业标准。安全生产标准的范围包括矿山安全、电气安全及防爆、危险化学品安全、消防安全、机械安全、建筑安全、交通运输安全、个体防护装备、特种设备安全等。建筑安全生产标准主要有《建筑施工模板安全技术规范》《建筑施工扣件式钢管脚手架安全技术规范》《建筑施工门式钢管脚手架安全技术规范》《建筑施工安全检查标准》《施工现场临时用电安全技术规范》《建筑基坑支护技术规范》等。

2. 安全生产法律体系框架

安全生产法律体系是包含多种法律层次和法律形式的综合性系统。我国安全生产法律体系框架如图1—1所示。

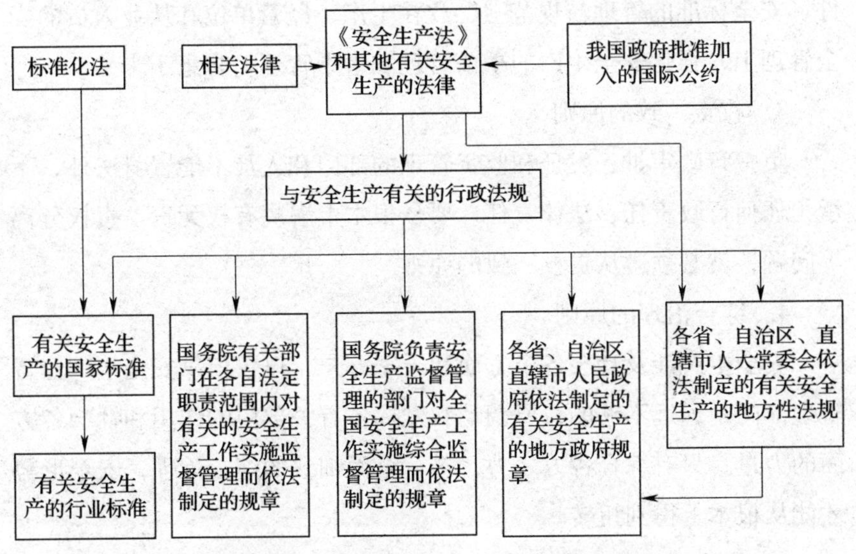

图1—1 我国安全生产法律体系框架

二、《安全生产法》的基本原则

《安全生产法》的基本原则是贯穿于立法和法律实施中的指导思想和基本思路，有以下五个方面。

1. 人身安全第一的原则

人是生产中最活跃的因素，人具有高于一切的地位和作用。在安全生产中更需要贯彻以人为本的精神。制定《安全生产法》的基本出发点和最重要的原则就是保障人民生命和财产安全，保护劳动者的权利。

2. 预防为主的原则

安全生产工作应当重视和加强事前管理和事中管理，将监督管理的重心前置于有关人员的安全生产资质、安全设施和设备的安全条件、安全标准的管理与规范上，放在生产、经营单位和从业人员的安全管理上，强化安全生产的事前管理和事中管理，防患于未然。

3. 权责一致的原则

负责行政审批、发证和监督管理的部门和人员不能置身法外，不承担任何行政责任、法律责任。要从根本上解决有权无责、责权分离等问题，就必须遵从责权一致的原则。

4. 综合治理的原则

安全生产涉及社会各个方面和千家万户，仅仅依靠安全生产监督管理部门是远远不够的，要调动和发挥各有关部门的作用和社会各方面的力量。只有综合各方之力，进行全面细致的综合治理，安全形势才能从根本上得到扭转。

5. 依法从重处罚的原则

重、特大事故时有发生的原因之一就是现行相关法律的处罚力度过轻，不足以威慑负有安全生产管理责任的相关人员。安全生产法律、法规立法就是要针对这些对安全熟视无睹、不关心人们生命财产的人，从严处罚可以从很大程度上促进安全生产。

[**事故案例**]

徐某为某建材厂聘用的建筑安装队队长，在承包某市解放西街10号楼建筑工程施工中，不设斜道，命令工人爬架杆乘提升吊篮进行作业。事故前几天，徐某就发现提升吊篮的钢丝绳有点毛，但没有及时采取措施，而是继续安排工人盲目蛮干。发生事故的当天，工人向安装队副队长时某反映钢丝绳“毛得厉害”，时某检查发现有一尺多长的毛头，便指派钟某更换钢丝绳。而钟某为了追求进度，轻信钢丝绳不可能马上断，决定先把7名工人送上楼干活，再换钢丝绳。当吊篮接近四楼时，钢丝绳突然中断，造成1人死亡，5人重伤，1人轻伤的严重后果。

造成这起事故的直接原因是徐某作为安装队队长，严重违背规定，不架设斜道，强令工人爬架杆乘吊篮进行作业，当发现钢丝绳有点毛的问题后，疏忽大意不积极采取措施排除事故隐患，以致酿成事故。而钟某违反操作规程，严重忽视安全，不落实副队长让其更换钢丝绳的正确决定，擅自决定送工人上楼干活。这种对事故的结果已经预见而轻信能够避免的过于自信的过失心理状态，直接导致了悲剧的发生。

三、从业人员的安全生产权利

1. 知情权

在生产劳动过程中，往往存在着一些对从业人员人身安全和健康有危险、危害的因素。从业人员有权了解其作业场所和工作岗位与安全生产有关的情况：一是存在的危险因素；二是防范措施；三是事故应急措施。从业人员对于安全生产的知情权，是保护劳动者生命健康权的重要前提。如果从业人员知道并且掌握有关安全生产的知识和处理办法，就可以消除许多不安全因素和事故隐患，避免或者减少事故的发生。

2. 建议权

从业人员对本单位的安全生产工作有建议权。安全生产工作涉及从业人员的生命安全和健康，因此从业人员有权参与用人单位的民主管理。从业人员通过参与生产经营的民主管理，可以充分调动其关心安全生产的积极性与主动性，为本单位的安全生产工作献计献策，提出意见与建议。

[**法律知识**]

《安全生产法》第五十条规定，生产经营单位的从业人员有权了解其作业场所和工作岗位存在的危险因素、防范措施及事故应急措施，有权对本单位的安全生产工作提出建议。

3．批评、检举、控告权

从业人员是企业的主人，他们对安全生产情况尤其是安全管理中的问题和事故隐患最了解、最熟悉，具有他人不能替代的作用。只有依靠他们并且赋予其必要的安全生产监督权和自我保护权，才能做到预防为主，防患于未然，从而保障从业人员的人身安全和健康。关注安全，就是关爱生命，关心企业。

安全生产的批评权，是指从业人员对本单位安全生产工作中存在的问题提出批评的权利。这一权利规定有利于从业人员对生产经营单位进行群众监督，促使生产经营单位不断改进本单位的安全生产工作。

安全生产的检举权、控告权，是指从业人员对本单位及有关人员违反安全生产法律、法规的行为，有向主管部门和司法机关进行检举和控告的权利。检举既可以署名，也可以不署名；可以用书面形式，也可以用口头形式。但是，从业人员在行使这一权利时，应注意检举和控告的情况必须真实，要实事求是。

4．拒绝违章指挥和强令冒险作业权

从业人员享有拒绝违章指挥和强令冒险作业权，是保护从业人员生命安全和健康的一项重要权利。

在生产劳动过程中，有时会出现企业负责人或者管理人员违章指挥和强令从业人员冒险作业的情况，由此导致事故，造成人员伤亡。因此，法律赋予从业人员拒绝违章指挥和强令冒险作业的权利，不仅是为了保护从业人员的人身安全，也是为了警示企业负责人和管理人员必须照章指挥，保证安全。企业不得因从业人员拒绝违章指挥和强令冒险作业而对其进行打击报复。

[**法律知识**]

《安全生产法》第五十一条规定，从业人员有权对本单位安全生产工作中存在的问题提出批评、检举、控告；有权拒绝违章指挥和强令冒险作业。

生产经营单位不得因从业人员对本单位安全生产工作提出批评、检举、控告或者拒绝违章指挥、强令冒险作业而降低其工资、福利等待遇或者解除与其订立的劳动合同。

5. 紧急情况下的停止作业和紧急撤离权

由于在生产过程中，自然和人为危险因素的存在不可避免，经常会在作业时发生一些意外的或者人为的直接危及从业人员人身安全的危险情况，将会或者可能会对从业人员造成人身伤害。当遇到危险紧急情况并且无法避免时，最大限度地保护现场作业人员的生命安全是第一位的，因此法律赋予其享有停止作业和紧急撤离的权利。

从业人员在行使这项权利的时候，必须明确以下四点：

(1) 危及从业人员人身安全的紧急情况必须有确实可靠的直接根据，凭借个人猜测或者误判而实际并不属于危及人身安全的紧急情况除外，该项权利不能滥用。

（2）紧急情况必须直接危及人身安全，间接或者可能危及人身安全的情况不应撤离，而应采取有效处理措施。

（3）出现危及人身安全的紧急情况时，首先是停止作业，然后要采取可能的应急措施；采取应急措施无效时，再撤离作业场所。

（4）该项权利不适用于某些从事特殊职业的从业人员，比如车辆驾驶人员等。

［法律知识］

《安全生产法》第五十二条规定，从业人员发现直接危及人身安全的紧急情况时，有权停止作业或者在采取可能的应急措施后撤离作业场所。

生产经营单位不得因从业人员在前款紧急情况下停止作业或者采取紧急撤离措施而降低其工资、福利等待遇或者解除与其订立的劳动合同。

6. 工伤保险赔偿权

《安全生产法》规定，劳动者有权要求用人单位依法为其办理工伤保险。用人单位不得以任何形式与从业人员订立协议，免除或者减轻其对从业人员因生产安全事故伤亡依法应当承担的责任。工伤保险费由用人单位按工资总额的一定比例缴纳，劳动者个人不缴费。

劳动者在生产经营活动中因为各种原因，可能发生意外伤害、职业病以及因这两种情况造成的死亡。在劳动者暂时或永久丧失劳动能力时，劳动者或其亲属有权从国家、社会得到必要的物质补偿。这种物质补偿一般以现金形式体现。

《安全生产法》的有关规定，明确了以下四个问题：

（1）从业人员依法享有工伤保险和伤亡求偿的权利。法律规定这项权利必须以劳动合同必要条款的书面形式加以确认。

（2）依法为从业人员缴纳工伤保险费和给予民事赔偿，是生产经营单位的法律义务。

（3）发生生产安全事故后，从业人员首先依照劳动合同和工伤保险合同的约定，享有相应的赔付金。

（4）从业人员获得工伤保险赔付和民事赔偿的金额标准、领取和支付程序，必须符合法律、法规和国家的有关规定。

［**法律知识**］

《安全生产法》第五十三条规定，因生产安全事故受到损害的从业人员，除依法享有工伤保险外，依照有关民事法律尚有获得赔偿的权利的，有权向本单位提出赔偿要求。

《工伤保险条例》第二条规定，中华人民共和国境内的企业、事业单位、社会团体、民办非企业单位、基金会、律师事务所、会计师事务所等组织和有雇工的个体工商户应当依照本条例规定参加工伤保险，为本单位全部职工或者雇工缴纳工伤保险费。中华人民共和国境内的企业、事业单位、社会团体、民办非企业单位、基金会、律师事务所、会计师事务所等组织的职工和个体工商户的雇工，均有依照本条例的规定享受工伤保险待遇的权利。

7．监督权

我国安全生产监督管理制度包括安全生产监督管理体制、各级安全生产监督管理部门以及其他有关部门各自的安全监督管理职责、公众监督、社区组织监督和新闻舆论监督等重要内容。

《安全生产法》规定，任何单位或者个人对事故隐患或者安全生产违法行为，均有权向负有安全生产监督管理职责的部门报告或者举报。新闻、出版、广播、电影、电视等单位有进行安全生产宣传教育的义务，有对违反安全生产法律、法规的行为进行舆论监督的权利。

发动人民群众和社会力量对安全生产进行监督，对安全生产违法行为进行举报，可以避免或者减少重大安全生产事故，可以使安全生产违法行为得到查处。对报告重大事故隐患或者举报安全生产违法行为的有功人员给予奖励，可以弘扬正气。

四、从业人员的安全生产义务

1．遵章守规，服从管理

生产经营单位的安全生产规章制度、安全操作规程，是企业管理规章制度的重要组成部分。

根据《安全生产法》及其他有关法律、法规和规章的规定，生产经营单位必须制定本单位的安全生产规章制度和操作规程。从业人员必须严格依照这些规章制度和操作规程进行生产经营作业。单位的负责人和管理人员有权依照规章制度和操作规程进行安全管理，监督检查从业人员遵章守制的情况。依照法律规定，生产经营单位的从业人员不服从管理，违反安全生产规章制度和操作规程的，由生产经营单位给予批评教育，依照有关规章制度给予处分；造成重大事故，构成犯罪的，依照《刑法》有关规定追究刑事责任。

［**法律知识**］

《安全生产法》第五十四条规定，从业人员在作业过程中，应当严格遵守本单位的安全生产规章制度和操作规程，服从管理，正确佩戴和使用劳动防护用品。

2．正确佩戴和使用劳动防护用品

按照法律、法规的规定，为保障人身安全，用人单位必须为从业人员提供必要的、安全的劳动防护用品，以避免或者减轻作业中的人身伤害。但在实践中，由于一些从业人员缺乏安全知识，心存侥幸或嫌麻烦，往往不按规定佩戴和使用劳动防护用品，由此引发的人身伤害事故时有发生。另外，有的从业人员由于不会或者没有正确使用劳动防护用品，同样也难以避免受到人身伤害。因此，正确佩戴和使用劳动防护用品是从业人员必须履行的法定义务，这是保障从业人员人身安全和生产经营单位安全生产的需要。从业人员不履行该项义务而造成人身伤害的，单位不承担法律责任。

[**事故案例**]

某日，某化工厂浓硫酸泵出故障，必须立即组织人员进行抢修。检修工急忙穿戴好雨衣、防毒口罩、水鞋、防酸手套、安全帽等，但却忘记佩戴防酸眼镜。刚开始时，抢修工作进展十分顺利，但就在要收工、试车时，一名检修工上前去查看，恰巧一股强烈刺鼻的浓硫酸呈水柱样喷射出来，导致该检修工整个面部、身上都溅满了硫酸，而其双眼因没戴防酸眼镜被严重灼伤。

3．接受安全培训，掌握安全生产技能

不同企业、不同工作岗位和不同的生产设施设备具有不同的安全技术特性和要求。随着高新技术装备的大量使用，企业对从业人员的安全素质要求越来越高。从业人员的安全生产意识和安全技能的高低，直接关系到企业生产活动的安全可靠性。从业人员需要具有系统的安全知识、熟练的安全生产技能，以及对不安全因素和事故隐患、突发事故的预防、处理能力和经验。要适应企业生产活动的需要，从业人员必须接受专门的安全生产教育和业务培训，不断提高自身的安全生产技术知识和能力。

[法律知识]

《安全生产法》第五十五条规定，从业人员应当接受安全生产教育和培训，掌握本职工作所需的安全生产知识，提高安全生产技能，增强事故预防和应急处理能力。

4. 及时报告事故隐患或者其他不安全因素

从业人员往往属于事故隐患和不安全因素的第一当事人。许多生产安全事故正是由于从业人员在作业现场发现事故隐患和不安全因素后，没有及时报告，以致延误了采取措施进行紧急处理的时机，最终酿成惨剧。相反，如果从业人员尽职尽责，及时发现并报告事故隐患和不安全因素，使之得到及时、有效的处理，就完全可以避免发生事故和降低事故损失。所以，发现事故隐患并及时报告是贯彻“安全第一、预防为主、综合治理”的方针，加强事前防范的重要措施。

[法律知识]

《安全生产法》第五十六条规定，从业人员发现事故隐患或者其他不安全因素，应当立即向现场安全生产管理人员或者本单位负责人报告；接到报告的人员应当及时予以处理。

第二节 安全生产法律简介

一、《安全生产法》简介

《安全生产法》于2002年11月1日起施行，2014年8月31日第十二届全国人民代表大会常务委员会第十次会议通过《全国人民代表大会常务委员会关于修改〈中华人民共和国安全生产法〉的决定》，自2014年12月1日起施行。新《安全生产法》（以下简称新法)，认真贯彻落实习近平总书记关于安全生产工作一系列重要指示精神，从强化安全生产工作的地位、进一步落实生产经营单位主体责任、政府安全监管定位和加强基层执法力量、强化安全生产责任追究四个方面入手，着眼于安全生产现实问题和发展要求，补充完善了相关法律制度规定，主要有以下十大特点。

1. 坚持以人为本，推进安全发展

新法提出安全生产工作应当以人为本，充分体现了习近平总书记等中央领导人关于安全生产工作一系列重要指示精神，对于坚守发展绝不能以牺牲人的生命为代价这条红线，牢固树立以人为本、生命至上的理念，正确处理重大险情和事故应急救援中“保财产”还是“保人命”问题，具有重大意义。为强化安全生产工作的重要地位，明确安全生产在国民经济和社会发展中的重要地位，推进安全生产形势持续稳定好转，新法将坚持安全发展写入了总则。

2. 建立完善安全生产方针和工作机制

新法确立了“安全第一、预防为主、综合治理”的安全生产工作“十二字方针”，明确了安全生产的重要地位、主体任务和实现安全生产的根本途径。“安全第一”要求从事生产经营活动必须把安全放在首位，不能以牺牲人的生命、健康为代价换取发展和效益。“预防为主”要求把安全生产工作的重心放在预防上，强化隐患排查治理，打非治违，从源头上控制、预防和减少生产安全事故。“综合治理”要求运用行政、经济、法治、科技等多种手段，充分发挥社会、职工、舆论监督各个方面的作用，抓好安全生产工作。坚持“十二字方针”，总结实践经验，新法明确要求建立生产经营单位负责、职工参与、政府监管、行业自律、社会监督的机制，进一步明确各方安全生产职责。做好安全生产工作，落实生产经营单位主体责任是根本，职工参与是基础，政府监管是关键，行业自律是发展方向，社会监督是实现预防和减少生产安全事故目标的保障。

3. 落实“三个必须”，明确安全监管部门执法地位

按照“三个必须”（管业务必须管安全、管行业必须管安全、管生产经营必须管安全）的要求，新法一是规定国务院和县级以上地方人民政府应当建立健全安全生产工作协调机制，及时协调、解决安全生产监督管理中存在的重大问题。二是明确国务院和县级以上地方人民政府安全生产监督管理部门实施综合监督管理，有关部门在各自职责范围内对有关行业、领域的安全生产工作实施监督管理，并将其统称为负有安全生产监督管理职责的部门。三是明确各级安全生产监督管理部门和其他负有安全生产监督管理职责的部门作为执法部门，依法开展安全生产行政执法工作，对生产经营单位执行法律、法规、国家标准或者行业标准的情况进行监督检查。

4. 明确乡镇人民政府以及街道办事处、开发区管理机构安全生产职责

乡镇街道是安全生产工作的重要基础，有必要在立法层面明确其安全生产职责，同时，针对各地经济技术开发区、工业园区的安全监管体制不顺、监管人员配备不足、事故隐患集中、事故多发等突出问题，新法明确：乡、镇人民政府以及街道办事处、开发区管理机构等地方人民政府的派出机关应当按照职责，加强对本行政区域内生产经营单位安全生产状况的监督检查，协助上级人民政府有关部门依法履行安全生产监督管理职责。

5. 进一步强化生产经营单位的安全生产主体责任

做好安全生产工作，落实生产经营单位主体责任是根本。新法把明确安全责任、发挥生产经营单位安全生产管理机构和安全生产管理人员作用作为一项重要内容，做出四个方面的重要规定：一是明确委托规定的机构提供安全生产技术、管理服务的，保证安全生产的责任仍然由本单位负责；二是明确生产经营单位的安全生产责任制的内容，规定生产经营单位应当建立相应的机制，加强对安全生产责任制落实情况的监督考核；三是明确生产经营单位的安全生产管理机构以及安全生产管理人员履行的七项职责；四是规定矿山、金属冶炼建设项目和用于生产、储存危险物品的建设项目竣工投入生产或者使用前，由建设单位负责组织对安全设施进行验收。

6. 建立事故预防和应急救援的制度

新法把加强事前预防和事故应急救援作为一项重要内容：一是生产经营单位必须建立生产安全事故隐患排查治理制度，采取技术、管理措施及时发现并消除事故隐患，并向从业人员通报隐患排查治理情况的制度。二是政府有关部门要建立健全重大事故隐患治理督办制度，督促生产经营单位消除重大事故隐患。三是对未建立隐患排查治理制度、未采取有效措施消除事故隐患的行为，设定了严格的行政处罚。四是赋予负有安全监管职责的部门对拒不执行执法决定、有发生生产安全事故现实危险的生产经营单位依法采取停电、停供民用爆炸物品等措施，强制生产经营单位履行决定的权利。五是国家建立应急救援基地和应急救援队伍，建立全国统一的应急救援信息系统。生产经营单位应当依法制定应急预案并定期演练。参与事故抢救的部门和单位要服从统一指挥，根据事故救援的需要组织采取告知、警戒、疏散等措施。

7. 建立安全生产标准化制度

安全生产标准化是在传统的安全质量标准化基础上，根据安全生产工作的要求、企业生产工艺特点，借鉴国外现代先进安全管理思想，形成的一套系统的、规范的、科学的安全管理体系。2010 年《国务院关于进一步加强企业安全生产工作的通知》（国发〔2010〕23 号）、2011 年《国务院关于坚持科学发展安全发展　促进安全生产形势持续稳定好转的意见》（国发〔2011〕40 号）均对安全生产标准化工作提出了明确的要求。结合多年的实践经验，新法在总则部分明确提出推进安全生产标准化工作，这必将对强化安全生产基础建设、促进企业安全生产水平持续提升产生重大而深远的影响。

8. 推行注册安全工程师制度

为解决中小企业安全生产“无人管、不会管”问题，促进安全生产管理人员队伍朝着专业化、职业化方向发展，国家自 2004 年以来连续 10 年实施了全国注册安全工程师执业资格统一考试。截至 2013 年 12 月，已有近 15 万人注册并在生产经营单位和安全生产中介服务机构执业。新法确立了注册安全工程师制度，并从两个方面加以推进：一是危险物品的生产、储存单位以及矿山、金属冶炼单位应当有注册安全工程师从事安全生产管理工作，鼓励其他生产经营单位聘用注册安全工程师从事安全生产管理工作；二是建立注册安全工程师按专业分类管理制度，授权国务院有关部门制定具体实施办法。

9. 推进安全生产责任保险制度

新法总结近年来的试点经验，通过引入保险机制，促进安全生产，规定国家鼓励生产经营单位投保安全生产责任保险。安全生产责任保险具有其他保险所不具备的特殊功能和优势，一是增加事故救援费用和第三人（事故单位从业人员以外的事故受害人）赔付的资金来源，有助于减轻政府负担，维护社会稳定。二是有利于现行安全生产经济政策的完善和发展。2005 年起实施的高危行业风险抵押金制度存在缴存标准高、占用资金大、缺乏激励作用等不足，目前湖南、上海等省市已经通过地方立法允许企业自愿选择责任保险或者风险抵押金，受到企业的广泛欢迎。三是通过保险费率浮动、引进保险公司参与企业安全管理，可以有效促进企业加强安全生产工作。

10. 加大对安全生产违法行为的责任追究力度

一是规定了事故行政处罚和终身行业禁入。第一，将行政法规的规定上升为法律条文，按照两个责任主体、四个事故等级，设立了对生产经营单位及其主要负责人的八项罚款处罚明文。第二，进一步明确主要负责人对重大、特别重大事故负有责任的，终身不得担任本行业生产经营单位的主要负责人。

二是加大罚款处罚力度。结合各地区经济发展水平、企业规模等实际，新法维持罚款下限基本不变、将罚款上限提高了 2 ~5 倍，并且大多数罚则不再将限期整改作为前置条件。反映了“打非治违”“重典治乱”的现实需要，强化了对安全生产违法行为的震慑力，也有利于降低执法成本、提高执法效能。

三是建立了严重违法行为公告和通报制度。要求负有安全生产监督管理职责的部门建立安全生产违法行为信息库，如实记录生产经营单位的违法行为信息；对违法行为情节严重的生产经营单位，应当向社会公告，并通报行业主管部门、投资主管部门、国土资源主管部门、证券监督管理部门和有关金融机构。

[事故案例]

山东省临沂市某道路拓宽拆迁工作中，拟拆除一幢宿舍楼。该工程由临沂市某区拆迁办公室与该区桃园村农民郭某、李某二人订立了房屋拆除合同。之后，郭某、李某二人又将此拆除工程非法转包给了周庄村的农民周某，周某即雇用本县民工进行拆除。由于不懂建筑结构和相关施工技术，也无拆除资质，且拆除工程施工现场管理混乱，无统一指挥，不按程序施工。当电焊工正在切断建筑物钢筋时，另有民工在将宿舍楼用钢丝绳及手拉葫芦加力拉紧。由于切断钢筋与拉紧钢丝绳作业配合不当，在切断钢筋的同时，继续拉紧的钢丝绳导致墙体失稳倒塌，造成4人死亡，2人重伤。

《安全生产法》第四十六条规定："生产经营单位不得将生产经营项目、场所、设备发包或者出租给不具备安全生产条件或者相应资质的单位或者个人。"由于周某不具备相应资质，也没有保障安全生产的条件，导致了这起事故的发生。

二、《职业病防治法》简介

《职业病防治法》自2002年5月1日起施行，根据2011年12月31日第十一届全国人民代表大会常务委员会第二十四次会议《关于修改〈中华人民共和国职业病防治法〉的决定》修正，自修正之日起施行。

《职业病防治法》分为总则、前期预防、劳动过程中的防护与管理、职业病诊断与职业病病人保障、监督检查、法律责任、附则7章，共90条。

《职业病防治法》规定，职业病防治工作坚持预防为主、防治结合的方针，建立用人单位负责、行政机关监管、行业自律、职工参与和社会监督的机制，实行分类管理、综合治理。

1. 劳动者享有的职业卫生保护权利

《职业病防治法》规定了劳动者享有以下 7 项职业卫生保护权利。

（1）获得职业卫生教育、培训的权利。

（2）获得职业健康检查、职业病诊疗、康复等职业病防治服务的权利。

（3）了解作业场所产生或者可能产生的职业病危害因素、危害后果和应当采取的职业病防护措施的权利。

（4）要求用人单位提供符合防治职业病要求的职业病防治设施和个人使用的职业病防护用品，改善工作条件的权利。

（5）对违反职业病防治法律、法规以及危及生命健康行为提出批评、检举和控告的权利。

（6）拒绝违章指挥和强令没有职业病防护措施的作业的权利。

（7）参与用人单位职业卫生工作的民主管理，对职业病防治工作提出意见和建议的权利。

因劳动者依法行使正当权利而降低其工资、福利等待遇或者解除、终止与其订立的劳动合同的，其行为无效。

2. 前期预防

产生职业病危害的用人单位的设立除应当符合法律、行政法规规定的设立条件外，其工作场所还应当符合下列职业卫生要求：

（1）职业病危害因素的强度或者浓度符合国家职业卫生标准。

（2）有与职业病危害防护相适应的设施。

（3）生产布局合理，符合有害与无害作业分开的原则。

（4）有配套的更衣间、洗浴间、孕妇休息间等卫生设施。

（5）设备、工具、用具等设施符合保护劳动者生理、心理健康的要求。

（6）法律、行政法规和国务院卫生行政部门、安全生产监督管理部门关于保护劳动者健康的其他要求。

建设项目的职业病防护设施所需费用应当纳入建设项目工程预算，并与主体工程同时设计，同时施工，同时投入生产和使用。

3. 劳动过程中的防护与管理

用人单位应当采取下列职业病防治管理措施：

（1）设置或者指定职业卫生管理机构或者组织，配备专职或者兼职的职业卫生管理人员，负责本单位的职业病防治工作。

（2）制订职业病防治计划和实施方案。

（3）建立、健全职业卫生管理制度和操作规程。

（4）建立、健全职业卫生档案和劳动者健康监护档案。

（5）建立、健全工作场所职业病危害因素监测及评价制度。

（6）建立、健全职业病危害事故应急救援预案。

4. 职业病诊断和职业病病人保障

医疗卫生机构承担职业病诊断，应当经省、自治区、直辖市人民政府卫生行政部门批准。劳动者可以在用人单位所在地、本人户籍所在地或者经常居住地依法承担职业病诊断的医疗卫生机构进行职业病诊断。

医疗卫生机构发现疑似职业病病人时，应当告知劳动者本人并及时通知用人单位。用人单位应当及时安排对疑似职业病病人进行诊断；在疑似职业病病人诊断或者医学观察期间，不得解除或者终止与其订立的劳动合同。疑似职业病病人在诊断、医学观察期间的费用，由用人单位承担。

用人单位应当保障职业病病人依法享受国家规定的职业病待遇。用人单位应当按照国家有关规定，安排职业病病人进行治疗、康复和定期检查。用人单位对不适宜继续从事原工作的职业病病人，应当调离原岗位，并妥善安置。用人单位对从事接触职业病危害作业的劳动者，应当给予适当岗位津贴。

[**事故案例**]

江苏省常熟市某公司主要从事工艺包装盒、塑料制品、木制工艺品制造、加工，使用的胶水黏合剂中存在苯、甲苯、二甲苯等职业病危害因素，但未向卫生行政部门申报产生职业病危害的项目。对于接触职业病危害因素的职工，该公司未按规定为其配备符合职业病防护要求的劳动防护用品，仅提供了普通的纱布口罩。常熟市疾控中心于2003年3月对该公司车间空气中职业病危害因素进行了检测，检测结果显示，该公司生产车间空气中苯、甲苯等物质的浓度不符合国家职业卫生标准。该公司于2003年8月及2004年3月对全公司职工进行了两次在岗期间的职业健康检查，发现2名职业病患者。该公司未安排接触职业病危害因素的职工进行上岗前职业健康检查。

根据上述情况，常熟市卫生局认定该公司违反了《职业病防治法》的有关规定，对该公司做出以下行政处罚：①责令7日内改正，给予警告；②责令停止产生职业病危害的作业；③罚款10万元。

三、《消防法》简介

《消防法》由第十一届全国人民代表大会常务委员会第五次会议于2008年10月28日修订通过，自2009年5月1日起施行。《消防法》的立法目的是预防火灾和减小火灾危害，加强应急救援工作，保护人身、财产安全，维护公共安全。

《消防法》共 7 章 74 条，分别为总则、火灾预防、消防组织、灭火救援、监督检查、法律责任、附则。

1. 有关单位的消防安全职责

《消防法》第十六条规定，机关、团体、企业、事业等单位应当履行下列消防安全职责：

（1）落实消防安全责任制，制定本单位的消防安全制度、消防安全操作规程，制定灭火和应急疏散预案。

（2）按照国家标准、行业标准配置消防设施、器材，设置消防安全标志，并定期组织检验、维修，确保完好有效。

（3）对建筑消防设施每年至少进行一次全面检测，确保完好有效，检测记录应当完整准确，存档备查。

（4）保障疏散通道、安全出口、消防车通道畅通，保证防火防烟分区、防火间距符合消防技术标准。

（5）组织防火检查，及时消除火灾隐患。

（6）组织进行有针对性的消防演练。

（7）法律、法规规定的其他消防安全职责。

该条款明确规定，单位的主要负责人是本单位的消防安全责任人。

2. 消防安全重点单位的安全管理

《消防法》第十七条规定，县级以上地方人民政府公安机关消防机构应当将发生火灾可能性较大以及发生火灾可能造成重大的人身伤亡或者财产损失的单位，确定为本行政区域内的消防安全重点单位，并由公安机关报本级人民政府备案。

消防安全重点单位除应当履行《消防法》第十六条规定的职责外，还应当履行下列消防安全职责：

（1）确定消防安全管理人，组织实施本单位的消防安全管理工作。

（2）建立消防档案，确定消防安全重点部位，设置防火标志，实行严格管理。

（3）实行每日防火巡查，并建立巡查记录。

（4）对职工进行岗前消防安全培训，定期组织消防安全培训和消防演练。

［事故案例］

2010 年 11 月 15 日，上海市静安区胶州路 728 号公寓大楼发生一起特别重大火灾事故，造成 58 人死亡、71 人受伤，建筑物过火面积 12 000 m^2，直接经济损失 1.58 亿元。经调查认定，该事故是一起因企业违规造成的责任事故。

该事故发生的直接原因是：在大楼节能综合改造项目施工过程中，施工人员违规在 10 层电梯前室北窗外进行电焊作业，电焊溅落的金属熔融物引燃下方 9 层位置脚手架防护平台上堆积的聚氨酯保温材料碎块、碎屑引发火灾。该事故发生的间接原因：一是建设单位、投标企业、招标代理机构相互串通、虚假招标和转包、违法分包；二是工程项目施工组织管理混乱；三是设计企业、监理机构工作失职；四是上海市、静安区两级建设主管部门对工程项目监督管理缺失；五是静安区公安消防机构对工程项目监督检查不到位；六是静安区政府对工程项目组织实施工作领导不力。

四、《劳动法》简介

《劳动法》自 1995 年 5 月 1 日起施行。《劳动法》的立法目的是保护劳动者的合法权益，调整劳动关系，建立和维护适应社会主义市场经济的劳动制度。

1．劳动者的权利

《劳动法》第三条在劳动卫生方面赋予了劳动者享有以下 7 项权利：

（1）平等就业和选择职业的权利。

（2）取得劳动报酬的权利。

（3）获得劳动安全卫生保护的权利。

（4）接受职业技能培训的权利。

（5）享受社会保险和福利的权利。

（6）提请劳动争议处理的权利。

（7）法律规定的其他劳动权利。

2．劳动者的义务

《劳动法》第三条在劳动卫生方面设定了劳动者需要履行的 4 项义务：

（1）完成劳动任务。

（2）提高职业技能。

（3）执行劳动安全卫生规程。

（4）遵守劳动纪律和职业道德。

3．用人单位的职责

《劳动法》第五十二条规定："用人单位必须建立、健全劳动安全卫生制度，严格执行国家劳动安全卫生规程和标准，对劳动者进行劳动安全卫生教育，防止劳动过程中的事故，减少职业危害。”

《劳动法》第五十三条规定：“劳动安全卫生设施必须符合国家规定的标准。新建、改建、扩建工程的劳动安全卫生设施必须与主体工程同时设计、同时施工、同时投入生产和使用。”

劳动安全卫生设施是指安全技术方面的设施、劳动卫生方面的设施、生产性辅助设施（如女工卫生室、更衣室、饮水设施等）。

《劳动法》第五十四条规定：“用人单位必须为劳动者提供符合国家规定的劳动安全卫生条件和必要的劳动防护用品，对从事有职业危害作业的劳动者应当定期进行健康检查。”本条中“国家规定”是指《工业企业设计卫生标准》《职业健康监护技术规范》《建筑安装工程安全技术规程》等。

4．女职工的特殊保护

女职工的身体结构和生理特点决定其应受到特殊劳动保护。女职工的体力一般比男职工差，特别是女职工在“五期”（经期、孕期、产期、哺乳期、绝经期）有特殊的生理变化现象，所以女职工对工业生产过程中的有毒有害因素一般比男职工敏感性强。另外，高噪声环境、剧烈震动、放射性物质等都能对女性生殖机能和身体产生有害影响。因此，要做好和加强女职工的特殊劳动保护工作，避免和减少劳动生产过程给女职工带来的危害。

《劳动法》对女职工的特殊劳动保护做出以下规定：

（1）禁止安排女职工从事矿山井下、国家规定的第四级体力劳动强度的劳动和其他禁忌从事的劳动。

（2）不得安排女职工在经期从事高处、低温、冷水作业和国家规定的第三级体力劳动强度的劳动。

（3）不得安排女职工在怀孕期间从事国家规定的第三级体力劳动强度的劳动和孕期禁忌从事的活动。对怀孕七个月以上的女职工，不得安排其延长工作时间和夜班劳动。

（4）女职工生育享受不少于九十天的产假。

（5）不得安排女职工在哺乳未满 1 周岁的婴儿期间从事国家规定的第三级体力劳动强度的劳动和哺乳期禁忌从事的其他劳动，不得安排其延长工作时间和夜班劳动。

5. 未成年工的特殊保护

未成年工是指年满 16 周岁未满 18 周岁的劳动者。未成年工依法享有特殊劳动保护的权利。这是针对未成年工处于生长发育期的特点以及接受义务教育的需要所采取的特殊劳动保护措施。

未成年工处于生长发育期，身体机能尚未健全，也缺乏生产知识和生产技能，过重及过度紧张的劳动、不良的工作环境、不适的劳动工种或劳动岗位，都会对他们产生不利影响，如果劳动过程中不进行特殊保护就会损害他们的身体健康。如未成年少女长期从事负重作业和立位作业，可影响骨盆正常发育，导致生育难产发病率增高；未成年工对生产性毒物敏感性较高，长期从事有毒有害作业易引起职业中毒，影响其生长发育。

《劳动法》第六十四条、第六十五条规定，不得安排未成年工从事矿山井下、有毒有害、国家规定的第四级体力劳动强度的劳动和其他禁忌从事的劳动。用人单位应当对未成年工定期进行检查。

［事故案例］

2013 年 5 月，已满 16 周岁的小张被某市时兴宾馆录用。宾馆与小张签订了为期 3 年的劳动合同，约定小张的工作岗位是宾馆锅炉房司炉。小张上班后，发现锅炉房司炉工作比较轻闲，也就很满意这份工作。

到了2013年10月，宾馆开始向房间供暖，小张的工作量变得非常大，每天为烧锅炉需要用推车推运50多车煤，工作一天下来感到精疲力竭，身体吃不消。小张于是向宾馆有关领导要求增加人手或予以调换工作岗位。而宾馆有关负责人以劳动合同中明确约定了小张的工作岗位为由拒绝了小张的请求。为此双方发生了争议，在协商不成的情况下，小张在法律援助中心的帮助下向当地劳动争议仲裁委员会申请仲裁，请求宾馆为自己调换适当的工作岗位。

劳动争议仲裁委员会受理并核查事实后，裁决宾馆立即为小张调换适当工作岗位。劳动争议仲裁委员会认定宾馆违法使用未成年工：

(1) 时兴宾馆安排小张从事锅炉房司炉工作违反了法律、法规关于未成年工禁忌劳动范围的规定。1994年12月9日原劳动部发布的《未成年工特殊保护规定》中明确规定，禁止未成年工从事锅炉司炉工作。

(2) 时兴宾馆在未成年工小张上岗之前没有对其进行健康检查。

(3) 时兴宾馆使用未成年工小张未向当地劳动部门进行登记。国家为了实行对未成年工的特殊劳动保护，对使用未成年工实行登记制度。未成年工须持未成年工登记证上岗。

五、《特种设备安全法》简介

《特种设备安全法》自2014年1月1日起施行，其立法目的是加强特种设备安全工作，预防特种设备事故，保障人身和财产安全，促进经济社会发展。

《特种设备安全法》共7章101条，分别为总则，生产、经营、使用，检验、检测，监督管理，事故应急救援与调查处理，法律责任，附则。

《特种设备安全法》第二条规定，特种设备的生产（包括设计、制造、安装、改造、修理）、经营、使用、检验、检测和特种设备安全的监督管理，适用本法。本法所称特种设备，是指对人身和财产安全有较大危险性的锅炉、压力容器（含气瓶）、压力管道、电梯、起重机械、客运索道、大型游乐设施、场（厂）内专用机动车辆，以及法律、行政法规规定适用本法的其他特种设备。

《特种设备安全法》第三十四条规定，特种设备使用单位应当建立岗位责任、隐患治理、应急救援等安全管理制度，制定操作规程，保证特种设备安全运行。

《特种设备安全法》第四十一条规定，特种设备安全管理人员应当对特种设备使用状况进行经常性检查，发现问题应当立即处理；情况紧急时，可以决定停止使用特种设备并及时报告本单位有关负责人。

特种设备作业人员在作业过程中发现事故隐患或者其他不安全因素，应当立即向特种设备安全管理人员和单位有关负责人报告；特种设备运行不正常时，特种设备作业人员应当按照操作规程采取有效措施保证安全。

《特种设备安全法》第四十二条规定，特种设备出现故障或者发生异常情况，特种设备使用单位应当对其进行全面检查，消除事故隐患，方可继续使用。

[事故案例]

2008 年 10 月 10 日 10 时 20 分左右，山东省淄博市张店区沣水镇刘家村建筑工地进行10号楼顶层混凝土作业施工，田某（无塔式起重机操作资格证）操作 QTZ-401 型塔式起重机向作业面吊运混凝土。当将装有混凝土的料斗（重约700 kg）吊离地面时，发现吊绳绕住了料斗上部的一个边角，于是将料斗下放。在料斗下放过程中塔身前后晃动，随即塔机倾倒，塔臂砸到了相邻的幼儿园。事故造成5名儿童遇难、2名儿童受伤，塔吊司机田某受伤，直接经济损失约300万元。

事故的直接原因：塔式起重机塔身第三标准节的主弦杆有一根由于长期疲劳已断裂，同侧另一根宽度为140 mm的主弦杆存在旧有疲劳裂纹，实测裂纹长度为110 mm。

事故的间接原因包括以下几点：

（1）使用无塔吊安装资质的单位和人员从事塔吊安装作业。安装前未进行零部件检查，安装后未进行验收。

（2）塔吊安装和使用中，安装单位和使用单位没有对钢结构的关键部位进行检查和验收，未及时发现非常明显的重大隐患并采取有效防范措施。

（3）塔吊的回转半径范围覆盖毗邻的幼儿园达10 m，未采取安全防范措施。

（4）塔吊操作人员未经专业培训，无证上岗。

（5）建设、城管执法、教育主管部门贯彻执行国家安全生产法律法规不到位，没有认真履行安全监管责任，安全隐患排查治理不力。

六、《突发事件应对法》简介

1. 立法目的

《突发事件应对法》于2007年8月30日经第十届全国人大常委会第二十九次会议审议通过，自2007年11月1日起施行。该法的立法目的是预防和减少突发事件的发生，控制、减轻和消除突发事件引起的严重社会危害，规范突发事件应对活动，保护人民生命财产安全，维护国家安全、公共安全、环境安全和社会秩序。

2. 主要内容

《突发事件应对法》分为总则、预防与应急准备、监测与预警、应急处置与救援、事后恢复与重建、法律责任、附则7章。该法的制定，对于进一步建立和完善我国的突发事件应急管理体制、机制和法制，预防、控制和消除突发事件的社会危害，提高政府应对突发事件的能力，落实执政为民的要求，构建社会主义和谐社会，都具有重要意义。

《突发事件应对法》第三条规定，本法所称突发事件，是指突然发生，造成或者可能造成严重社会危害，需要采取应急处置措施予以应对的自然灾害、事故灾难、公共卫生事件和社会安全事件。按照社会危害程度、影响范围等因素，自然灾害、事故灾难、公共卫生事件分为特别重大、重大、较大和一般四级。法律、行政法规或者国务院另有规定的，从其规定。

《突发事件应对法》第二十三条规定，矿山、建筑施工单位和易燃易爆物品、危险化学品、放射性物品等危险物品的生产、经营、储运、使用单位，应当制定具体应急预案，并对生产经营场所、有危险物品的建筑物、构筑物及周边环境开展隐患排查，及时采取措施消除隐患，防止发生突发事件。

《突发事件应对法》第二十六条规定，县级以上人民政府及其有关部门可以建立由成年志愿者组成的应急救援队伍。单位应当建立由本单位职工组成的专职或者兼职应急救援队伍。县级以上人民政府应当加强专业应急救援队伍与非专业应急救援队伍的合作，联合培训、联合演练，提高合成应急、协同应急的能力。

《突发事件应对法》第二十七条规定，国务院有关部门、县级以上地方各级人民政府及其有关部门、有关单位应当为专业应急救援人员购买人身意外伤害保险，配备必要的防护装备和器材，减少应急救援人员的人身风险。

第三节　安全生产法规简介

一、《建设工程安全生产管理条例》简介

1．适用范围

2003 年 11 月 24 日国务院第 393 号令公布了《建设工程安全生产管理条例》，自 2004 年 2 月 1 日起施行。《建设工程安全生产管理条例》的立法目的是加强建设工程安全生产监督管理，保障人民群众生命和财产安全。

在中华人民共和国境内从事建设工程的新建、扩建、改建和拆除等有关活动及实施对建设工程安全生产的监督管理，必须遵守《建设工程安全生产管理条例》。本条例所称建设工程，是指土木工程、建筑工程、线路管道和设备安装工程及装修工程。

2．施工单位主要负责人的安全责任

根据《安全生产法》第十七条有关生产经营单位主要负责人安全责任的规定，结合建设工程的实际，《建设工程安全生产管理条

例》第二十一条第一款规定，施工单位主要负责人依法对本单位的安全生产工作全面负责。施工单位应当建立、健全安全生产责任制度和安全生产教育培训制度，制定安全生产规章制度和操作规程，保证本单位安全生产条件所需资金的投入，对所承担的建设工程进行定期和专项安全检查，并做好安全检查记录。

3. 项目负责人的安全责任

施工单位的项目负责人即项目经理，在工程项目施工中处于《安全生产法》第五条所称的“生产经营单位主要负责人”的地位，应当对建设工程项目的安全生产负责。项目负责人在施工活动中占有非常重要的地位，代表施工企业法定代表人对项目组织实施中劳动力的调配、资金的使用、建筑材料的购进等行使决策权。因此，施工单位的项目负责人应当对建设工程项目施工安全负全面责任，是本项目安全生产的第一责任人。为了加强对项目负责人安全资格的管理，明确其安全生产职责，《建设工程安全生产管理条例》第二十一条第二款规定，施工单位的项目负责人应当由取得相应执业资格的人员担任，对建设工程项目的安全施工负责，落实安全生产责任制度、安全生产规章制度和操作规程，确保安全生产费用的有效使用，并根据工程的特点组织制定安全施工措施，消除安全事故隐患，及时、如实报告生产安全事故。

4. 安全管理机构和安全管理人员

《建设工程安全生产管理条例》第二十三条规定，施工单位应当设立安全生产管理机构，配备专职安全生产管理人员。专职安全生产管理人员负责对安全生产进行现场监督检查。发现安全事故隐患，应当及时向项目负责人和安全生产管理机构报告；对违章指挥、违章操作的，应当立即制止。

［事故案例］

2003 年 2 月 17 日 15 时许，山东省济宁市某发电公司一期续建工程 3#机组冷却塔施工工地发生一起高处坠落事故，造成 7 人死亡。事故发生过程是：吊桥平台下降 1 m 后（总高度为 46. 25 m），根据下降距离，需要调整倒链，此时在可伸缩的前桥平台左端（面向冷却塔）的操作工张某在没有使挂设的备用倒链受力的情况下，就将受力倒链解掉，使平台前桥前端两侧倒链受力不均，造成前桥平台失去平衡。在施工班长的指挥下又有 4 人赶到前桥左端去拉升倒链，造成倾斜加剧，前桥自重和动荷载及相应的力将作为滑道用的首桥槽钢下翼冲击下弯曲变形，前桥掉出轨道，班长等 7 人从高处坠落，造成 7 人死亡，直接经济损失 62 万元。

该事故发生的主要原因是：没有按照安全操作规程正确使用建筑设备，操作工张某违章操作，施工班长违章指挥。

二、《安全生产许可证条例》简介

1. 适用范围

《安全生产许可证条例》自 2004 年 1 月 13 日起施行，其立法目的是严格规范安全生产条件，进一步加强安全生产监督管理，防止和减少生产安全事故。《安全生产许可证条例》的适用范围涵盖了在我国国家主权所及范围内从事矿产资源开发、建筑施工和危险化学品、烟花爆竹、民用爆破器材生产等活动。

2. 建筑施工企业安全生产许可证的颁发和管理

依照《中华人民共和国建筑法》和《建设工程安全生产管理条例》的规定，施工单位不论是否具有法人资格，都要取得相应等级的资质，并申请领取建筑施工许可证。鉴于建筑施工活动具有流动性大、独立作业的特点，除了将建筑施工企业作为安全生产许可证的发证对象外，也要考虑安全生产许可证与施工单位资质等级和施工许可证发证对象的一致性，对独立从事建筑施工活动的施工单位颁发安全生产许可证。

《安全生产许可证条例》第四条规定：“省、自治区、直辖市人民政府建设主管部门负责建筑施工企业安全生产许可证的颁发和管理，并接受国务院建设主管部门的指导和监督。”根据该条规定，建筑施工企业要向省级建设主管部门申请领取安全生产许可证，而后再向工程所在地县级以上建设主管部门申请领取建筑施工许可证。

三、《危险化学品安全管理条例》简介

1．适用范围

《危险化学品安全管理条例》于 2002 年 1 月 26 日由中华人民共和国国务院令第 344 号公布，在 2011 年 2 月 16 日修订通过，自 2011 年 12 月 1 日起施行。《危险化学品安全管理条例》的立法目的是加强对危险化学品的安全管理，预防和减少危险化学品事故，保障人民群众生命财产安全，保护环境。

《危险化学品安全管理条例》的适用范围是危险化学品生产、储存、使用、经营和运输的安全管理。废弃危险化学品的处置，依照有关环境保护的法律、行政法规和国家有关规定执行。本条例所称危险化学品，是指具有毒害、腐蚀、爆炸、燃烧、助燃等性质，对人体、设施、环境具有危害的剧毒化学品和其他化学品。危险化学品目录，由国务院安全生产监督管理部门会同国务院工业和信息化、公安、环境保护、卫生、质量监督检验检疫、交通运输、铁路、民用航空、农业主管部门，根据化学品危险特性的鉴别和分类标准确定、公布，并适时调整。

2．危险化学品单位的安全责任

《危险化学品安全管理条例》第二十条规定，生产、储存危险化学品的单位，应当根据其生产、储存的危险化学品的种类和危险特性，在作业场所设置相应的监测、监控、通风、防晒、调温、防火、灭火、防爆、泄压、防毒、中和、防潮、防雷、防静电、防腐、防泄漏以及防护围堤或者隔离操作等安全设施、设备，并按照国家标准、行业标准或者国家有关规定对安全设施、设备进行经常性维护、保养，保证安全设施、设备的正常使用。生产、储存危险化学品的单位，应当在其作业场所和安全设施、设备上设置明显的安全警示标志。

《危险化学品安全管理条例》第二十一条规定，生产、储存危险化学品的单位，应当在其作业场所设置通信、报警装置，并保证处于适用状态。

《危险化学品安全管理条例》第二十三条规定，生产、储存剧毒化学品或者国务院公安部门规定的可用于制造爆炸物品的危险化学品（以下简称易制爆危险化学品）的单位，应当如实记录其生产、储存的剧毒化学品、易制爆危险化学品的数量、流向，并采取必要的安全防范措施，防止剧毒化学品、易制爆危险化学品丢失或者被盗；发现剧毒化学品、易制爆危险化学品丢失或者被盗的，应当立即向当地公安机关报告。

《危险化学品安全管理条例》第二十七条规定，生产、储存危险化学品的单位转产、停产、停业或者解散的，应当采取有效措施，及时、妥善处置其危险化学品生产装置、储存设施以及库存的危险化学品，不得丢弃危险化学品；处置方案应当报所在地县级人民政府安全生产监督管理部门、工业和信息化主管部门、环境保护主管部门和公安机关备案。安全生产监督管理部门应当会同环境保护主管部门和公安机关对处置情况进行监督检查，发现未依照规定处置的，应当责令其立即处置。

《危险化学品安全管理条例》第二十八条规定，使用危险化学品的单位，其使用条件（包括工艺）应当符合法律、行政法规的规定和国家标准、行业标准的要求，并根据所使用的危险化学品的种类、危险特性以及使用量和使用方式，建立、健全使用危险化学品的安全管理规章制度和安全操作规程，保证危险化学品的安全使用。

《危险化学品安全管理条例》第二十九条规定，使用危险化学品从事生产并且使用量达到规定数量的化工企业（属于危险化学品生产企业的除外），应当依照本条例的规定取得危险化学品安全使用许可证。危险化学品使用量的数量标准，由国务院安全生产监督管理部门会同国务院公安部门、农业主管部门确定并公布。

《危险化学品安全管理条例》第三十条规定，申请危险化学品安全使用许可证的化工企业，除应当符合本条例第二十八条的规定外，还应当具备下列条件：

（1）有与所使用的危险化学品相适应的专业技术人员。

（2）有安全管理机构和专职安全管理人员。

（3）有符合国家规定的危险化学品事故应急预案和必要的应急救援器材、设备。

（4）依法进行了安全评价。

[事故案例]

2006年10月9日13时30分，浙江省金华市某化工有限公司实验厂（主要生产氟利昂）第4班组水碱洗岗位职工颜某巡查时发现氟利昂粗品槽压力升高，通知自控室精馏操作工徐某，要对粗品槽进行放空操作，要求关注粗品槽压力情况。13时35分，颜某打开粗品槽至3#精馏塔的气相管道阀门进行放空作业，13时48分，3#精馏塔发生爆炸（DCS控制系统记录显示塔内压力为1.3 MPa，该塔正常操作压力为0.3 MPa，设计压力为1.0 MPa），造成塔内氟利昂泄漏，同时，3#精馏塔爆炸产生的碎片破坏了附近1 m远反应系统的氟化氢管线，导致氟化氢泄漏，在事故抢救和人员疏散过程中，有13名职工不同程度吸入和接触氢氟酸气体中毒灼伤。厂区外居民和小学生650人紧急疏散。

事故发生的主要原因是：实验厂在试生产期间未经公司相关部门的安全论证、设计单位的同意，为了提高产品收率，擅自在高压料槽和低压精馏塔之间连接了一根气相管，使低压精馏塔的工艺条件发生改变，生产中该塔压力（1.3 MPa）超过设计压力（1.0 MPa）发生爆炸，导致物料泄漏。

四、《特种设备安全监察条例》简介

《特种设备安全监察条例》于2003年3月11日由中华人民共和国国务院令第373号公布，根据2009年1月24日《国务院关于修改〈特种设备安全监察条例〉的决定》修订，自2009年5月1日起施行。条例分为总则、特种设备的生产、特种设备的使用、检验检测、监督检查、事故预防和调查处理、法律责任、附则，共8章103条。

1. 适用范围

《特种设备安全监察条例》规定，特种设备的生产（含设计、制造、安装、改造、维修，下同）、使用、检验检测及其监督检查，应当遵守本条例，但本条例另有规定的除外。军事装备、核设施、航空航天器、铁路机车、海上设施和船舶以及矿山井下使用的特种设备、民用机场专用设备的安全监察不适用本条例。房屋建筑工地和市政工程工地用起重机械、场（厂）内专用机动车辆的安装、使用的监督管理，由建设行政主管部门依照有关法律、法规的规定执行。

2. 特种设备使用单位的安全管理

《特种设备安全监察条例》第五条规定，特种设备生产、使用单位应当建立健全特种设备安全、节能管理制度和岗位安全、节能责任制度。特种设备生产、使用单位的主要负责人应当对本单位特种设备的安全和节能全面负责。特种设备生产、使用单位和特种设备检验检测机构，应当接受特种设备安全监督管理部门依法进行的特种设备安全监察。

《特种设备安全监察条例》第二十五条规定，特种设备在投入使用前或者投入使用后30日内，特种设备使用单位应当向直辖市或者设区的市特种设备安全监督管理部门登记。登记标志应当置于或者附着于该特种设备的显著位置。

《特种设备安全监察条例》第二十六条规定，特种设备使用单位应当建立特种设备安全技术档案。安全技术档案应当包括以下内容：

（1）特种设备的设计文件、制造单位、产品质量合格证明、使用维护说明等文件以及安装技术文件和资料。

（2）特种设备的定期检验和定期自行检查的记录。

（3）特种设备的日常使用状况记录。

（4）特种设备及其安全附件、安全保护装置、测量调控装置及有关附属仪器仪表的日常维护保养记录。

（5）特种设备运行故障和事故记录。

（6）高耗能特种设备的能效测试报告、能耗状况记录以及节能改造技术资料。

《特种设备安全监察条例》第二十七条规定，特种设备使用单位应当对在用特种设备进行经常性日常维护保养，并定期自行检查。特种设备使用单位对在用特种设备应当至少每月进行一次自行检查，并做出记录。特种设备使用单位在对在用特种设备进行自行检查和日常维护保养时发现异常情况的，应当及时处理。

特种设备使用单位应当对在用特种设备的安全附件、安全保护装置、测量调控装置及有关附属仪器仪表进行定期校验、检修，并做出记录。

《特种设备安全监察条例》第二十八条规定，特种设备使用单位应当按照安全技术规范的定期检验要求，在安全检验合格有效期届满前1个月向特种设备检验检测机构提出定期检验要求。

［事故案例］

2005年7月15日，某施工现场杂工刘某站在施工电梯附近的防护棚上给脚手架上的抹灰工递砂浆。约9时15分，位于主体16层、高度约50 m的施工电梯电缆导线架突然断裂掉下，击中刘某头部。刘某安全帽被砸裂，头部严重受伤，经抢救无效而死亡。

该事故发生的直接原因是：施工电梯电缆导线架因缺乏维护保养断裂坠落，刘某违章擅自爬到防护棚上作业。该事故发生的间接原因是：施工电梯缺乏维护保养，存在的安全隐患未被及时发现；项目部对现场安全检查不到位，工人的违章行为未得到及时制止。

五、《工伤保险条例》简介

《工伤保险条例》于2003年4月27日由中华人民共和国国务院令第375号公布，根据2010年12月20日《国务院关于修改〈工伤保险条例〉的决定》修订，自2011年1月1日起施行。该条例分为总则、工伤保险基金、工伤认定、劳动能力鉴定、工伤保险待遇、监督管理、法律责任、附则，共8章67条。

实施《工伤保险条例》的目的是保障因工作遭受事故伤害或者患职业病的职工获得医疗救治和经济补偿，促进工伤预防和职业康复，分散用人单位的工伤风险。《工伤保险条例》规定，中华人民共和国境内的企业、事业单位、社会团体、民办非企业单位、基金会、律师事务所、会计师事务所等组织和有雇工的个体工商户（以下简称用人单位）应当依照本条例规定参加工伤保险，为本单位全部职工或者雇工（以下简称职工）缴纳工伤保险费。

《工伤保险条例》第四条规定，用人单位应当将参加工伤保险的有关情况在本单位内公示。用人单位和职工应当遵守有关安全生产和职业病防治的法律法规，执行安全卫生规程和标准，预防工伤事故发生，避免和减少职业病危害。职工发生工伤时，用人单位应当采取措施使工伤职工得到及时救治。

《工伤保险条例》第五条规定，国务院社会保险行政部门负责全国的工伤保险工作。县级以上地方各级人民政府社会保险行政部门负责本行政区域内的工伤保险工作。社会保险行政部门按照国务院有关规定设立的社会保险经办机构具体承办工伤保险事务。

[事故案例]

陈某系某建筑公司职工，平时下班很晚。2008 年 10 月的一天，陈某下班准备坐公交车回家，当时站在马路边上等车，而没有站在候车线内。就在陈某等车的时候，突然侧面驶来一辆电瓶车将其撞倒在地，身体多处受伤。后经交通部门认定，电瓶车驾驶人员张某当时喝醉了酒，故认定张某对本次事故负全部责任。由于张某没有赔偿能力，陈某欲通过工伤程序获得赔偿，而当陈某向劳动部门申请工伤认定时，劳动部门以电瓶车属非机动车为由，认为陈某所受的伤害为非机动车事故，故不认定为工伤。

根据《工伤保险条例》第十四条规定，职工有下列情形之一的，应当认定为工伤：在上下班途中，受到非本人主要责任的交通事故或者城市轨道交通、客运轮渡、火车事故伤害的。因此，陈某应当被认定为工伤。

第四节 建筑安全部门规章简介

一、《建设项目安全设施“三同时”监督管理暂行办法》简介

国家安全生产监督管理总局令第 36 号公布了《建设项目安全设施“三同时”监督管理暂行办法》，自 2011 年 2 月 1 日起施行。制定《建设项目安全设施“三同时”监督管理暂行办法》的目的是加强建设项目安全管理，预防和减少生产安全事故，保障从业人员生命和财产安全。

该办法共 6 章 38 条，适用于经县级以上人民政府及其有关主管部门依法审批、核准或者备案的生产经营单位新建、改建、扩建工程

项目（以下统称建设项目）安全设施的建设及其监督管理。法律、行政法规及国务院对建设项目安全设施建设及其监督管理另有规定的，依照其规定。

《建筑项目安全设施“三同时”监督管理暂行办法》的主要内容包括：建设项目安全设施“三同时”监管的职权划分，建设项目安全条件论证与安全预评价，建设项目安全设施设计审查，建设项目安全设施施工和竣工验收，法律责任。

二、《建筑工程消防监督管理规定》简介

公安部令第 106 号公布了《建设工程消防监督管理规定》，自 2009 年 5 月 1 日起施行。制定《建设工程消防监督管理规定》的目的是加强建设工程消防监督管理，落实建设工程消防设计、施工质量和安全责任，规范消防监督管理行为。

该规定共 7 章 51 条，适用于新建、扩建、改建（含室内装修、用途变更）等建设工程的消防监督管理，不适用住宅室内装修、村民自建住宅、救灾和其他临时性建筑的建设活动。

《建设工程消防监督管理规定》的主要内容包括一般要求，消防设计、施工的质量责任，消防设计审核和消防验收，消防设计和竣工验收的备案抽查，执法监督，法律责任。

三、《危险性较大的分部分项工程安全管理办法》简介

2009 年 5 月 13 日，住房和城乡建设部印发《危险性较大的分部分项工程安全管理办法》（建质〔2009〕87 号）。制定该办法的目的是加强对危险性较大的分部分项工程安全管理，明确安全专项施工方案编制内容，规范专家论证程序，确保安全专项施工方案实施，积极防范和遏制建筑施工生产安全事故的发生。

《危险性较大的分部分项工程安全管理办法》适用于房屋建筑和市政基础设施工程的新建、改建、扩建、装修和拆除等建筑安全生产活动及安全管理，主要内容包括施工单位、监理单位的安全职责，专项方案的内容，专项方案的审核与论证，专项方案的实施，危险性较大的分部分项工程范围，超过一定规模的危险性较大的分部分项工程范围。

[事故案例]

湖南省永州市某加油站工程是在一个已经停业的简易加油站原址上重建的。整个工程包括加油站营业房、地下油罐、硬化车道、院墙及厕所。加油站由江永县城建规划局副局长何某个人非法设计，由本县潇浦镇白水村农民、个体包工头周某非法承包。2002 年 2 月 25 日，施工方在取得施工图纸后，招聘民工开始工程基础施工和加油站营业房的施工，3 月 25 日营业房土建主体结构完工后即开始加油棚挑檐施工。5 月 26 日 64 名作业人员进行加油棚混凝土板浇筑，并于当日 13 时完工，14 时下起暴雨，雨后施工方没有检查模板支撑情况，即在 15 时 30 分开始浇筑加油棚混凝土反梁，17 时当混凝土反梁浇筑到接近与营业房顶部接口处时，尚未初凝的加油棚混凝土板由东西两面向中间整体坍塌，站在加油棚混凝土板上的 10 多名作业人员被掩埋，造成 7 人死亡、10 人受伤。

这起事故的技术原因是加油棚混凝土模板工程没有经过设计计算，没有编制安全专项施工方案。

四、《建筑起重机械安全监督管理规定》简介

2008 年 1 月 28 日，原建设部发布《建筑起重机械安全监督管理规定》（建设部令第 166 号），自 2008 年 6 月 1 日起施行。制定该规

定的目的是加强建筑起重机械的安全监督管理，防止和减少生产安全事故，保障人民群众生命和财产安全。

《建筑起重机械安全监督管理规定》共35条，适用于建筑起重机械的租赁、安装、拆卸、使用及其监督管理。该规定所称建筑起重机械，是指纳入特种设备目录，在房屋建筑工地和市政工程工地安装、拆卸、使用的起重机械。该规定的主要内容包括：管辖，设备购置、租赁的要求，设备安装的要求，设备使用的要求，施工单位和监理单位的安全职责，安全监管职责，法律责任。

[事故案例]

2012年9月13日13时10分左右，“东湖景园”项目部C区7—1号楼的外墙粉刷工周某、明某等14人，与电梯安装人员孙某、蒋某等5人，共计19人，在施工升降机操作人员不在场的情况下，乘坐一台SCD200/200型施工升降机上工。升降机在上升过程中突然失控，直冲到34层顶层（距地面100 m）后，钢绳断裂，失去钢绳约束后的升降机自由落体直坠地面，事故造成19人死亡，直接经济损失约1 800万元。

该事故发生的主要原因有：该升降机有两个螺栓的螺母脱落，无法受力；升降机超过备案额定承载人数12人，实际承载19人和约245 kg物件；安全生产主体责任不落实，安全生产管理制度不健全、不落实，安全培训教育不到位，企业主要负责人、项目主要负责人、专职安全生产管理人员和特种作业人员等安全意识薄弱；起重机械安装、维护制度不健全、不落实，施工升降机加节和附着安装不规范，安装、维护记录不全不实；对施工升降机使用安全生产检查和维护流于形式，未能及时发现和整改事故施工升降机存在的重大安全隐患。

五、《企业安全生产风险公告六条规定》简介

《企业安全生产风险公告六条规定》经2014年11月24日国家安全生产监督管理总局局长办公会议审议通过，自2014年12月10日起施行。

1. 必须在企业醒目位置设置公告栏，在存在安全生产风险的岗位设置告知卡，分别标明本企业、本岗位主要危险危害因素、后果、事故预防及应急措施、报告电话等内容。

2. 必须在重大危险源、存在严重职业病危害的场所设置明显标志，标明风险内容、危险程度、安全距离、防控办法、应急措施等内容。

3. 必须在有重大事故隐患和较大危险的场所和设施设备上设置明显标志，标明治理责任、期限及应急措施。

4. 必须在工作岗位标明安全操作要点。

5. 必须及时向职工公开安全生产行政处罚决定、执行情况和整改结果。

6. 必须及时更新安全生产风险公告内容，建立档案。

六、《企业安全生产应急管理九条规定》简介

《企业安全生产应急管理九条规定》经2015年1月30日国家安全生产监督管理总局局长办公会议审议通过，自2015年2月28日起施行。

1. 必须落实企业主要负责人是安全生产应急管理第一责任人的工作责任制，层层建立安全生产应急管理责任体系。

2. 必须依法设置安全生产应急管理机构，配备专职或者兼职安全生产应急管理人员，建立应急管理工作制度。

3．必须建立专（兼）职应急救援队伍或与邻近专职救援队签订救援协议，配备必要的应急装备、物资，危险作业必须有专人监护。

4．必须在风险评估的基础上，编制与当地政府及相关部门相衔接的应急预案，重点岗位制定应急处置卡，每年至少组织一次应急演练。

5．必须开展从业人员岗位应急知识教育和自救互救、避险逃生技能培训，并定期组织考核。

6．必须向从业人员告知作业岗位、场所危险因素和险情处置要点，高风险区域和重大危险源必须设立明显标识，并确保逃生通道畅通。

7．必须落实从业人员在发现直接危及人身安全的紧急情况时停止作业，或在采取可能的应急措施后撤离作业场所的权利。

8．必须在险情或事故发生后第一时间做好先期处置，及时采取隔离和疏散措施，并按规定立即如实向当地政府及有关部门报告。

9．必须每年对应急投入、应急准备、应急处置与救援等工作进行总结评估。

第五节　建筑安全生产有关标准简介

一、《建筑基坑支护技术规程》简介

为了在建筑基坑支护设计、施工中做到安全适用、保护环境、技术先进、经济合理、确保质量，国家制定了《建筑基坑支护技术规程》（JGJ 120—2012），自 2012 年 10 月 1 日起实施。

本规程适用于一般地质条件下临时性建筑基坑支护的勘察、设

计、施工、检测、基坑开挖与监测。对湿陷性土、多年冻土、膨胀土、盐渍土等特殊土或岩石基坑，应结合当地工程经验应用本规程，并应符合相关技术标准的规定。本规程主要内容包括基本规定、支挡结构、土钉墙、重力式水泥土墙、地下水控制、基坑开挖与监测。

二、《建筑施工模板安全技术规范》简介

为在工程建设模板工程施工中贯彻我国安全生产的方针和政策，做到技术先进、经济合理、方便适用和确保安全生产，制定了《建筑施工模板安全技术规范》（JGJ 162—2008），自2008年12月1日起实施。

该规范适用于建筑施工中现浇混凝土工程模板体系的设计、制作、安装和拆除，主要内容包括材料选用，荷载及变形值的规定，设计，模板安装构造，模板拆除，安全管理。

[**事故案例**]

某住宅楼共18层，框架结构，由具有一级资质的某建筑公司承建。某年5月19日上午，柏某等3人在工地北面双笼电梯西侧道路处清理钢模板。双笼电梯从13层西侧阳台边爬升过程中，由于14层阳台梁底（标高37.37 m）的一块钢模板（1 500 mm×200 mm）和支撑钢管伸出过长而受阻碍。中午，架子工谢某将爬升受阻的情况向项目工程师蒋某汇报，当时蒋某答复让架子工自己拆模板，而架子工未答应。下午上班后，架子工谢某看到木工王某刚好在该处脚手架上加固14层阳台的支模板，因此，谢某就向王某说明这个模板和钢管妨碍爬升，王某就一手抓钢管、一手拿锤子自行拆除这块钢模板。因为钢模板与混凝土之间隔着木板，使得钢模板没有水泥浆的黏附力，当王某用锤子击打掉回形卡后，钢模板自行脱落。由于拆除时没有采取任何防护措施，因此钢模板正好从 13 层阳台与脚手架的空当中掉落，钢模板在下落时，又被 12 层阳台碰了一下，改变下落的方向，弹出坠落至建筑物水平距离 9. 8 m 处，击中了正在该处清理钢模板的柏某头部，并击破安全帽，造成柏某死亡。

发生这起事故的直接原因是：木工王某未按高处拆模的安全操作规程拆除钢模板，在没有采取安全防护措施的情况下，违章拆除钢模。

发生这起事故的间接原因如下：

（1）现场管理协调不力，安全防护设施不到位。项目工程师蒋某未及时安排有经验的工人清除障碍，交叉作业未实行安全防护，脚手架与阳台、墙体有空当，安全挑网未及时按每隔 4 层设一道，地面人员作业无安全防护棚。

（2）模板安装不恰当。立模时木工没有按爬架尺寸要求控制模板钢管的外露尺寸，没有按工艺要求选用钢模，随意用木板代替。

三、《建筑施工扣件式钢管脚手架安全技术规范》简介

为在扣件式钢管脚手架设计与施工中贯彻执行国家的技术经济政策，做到技术先进、经济合理、安全适用、确保质量，国家制定了《建筑施工扣件式钢管脚手架安全技术规范》（JGJ 130—2011），自 2011 年 12 月 1 日起实施。

该规范适用于工业与民用建筑施工用落地式（底撑式）单、双排扣件式钢管脚手架的设计与施工，以及水平混凝土结构工程施工中模板支架的设计与施工，主要内容包括构配件、荷载、设计计算、构造要求、施工、检查与验收、安全管理。

[事故案例]

江苏省南京市某演播厅舞台工程由某建筑集团上海分公司施工，大演播厅舞台屋盖梁底标高为27.7 m，模板支架材料采用脚手架钢管及扣件，支架立杆最底部标高为－8.7 m，支架高度为36.4 m。2010年10月25日上午在浇筑混凝土过程中模板支架发生倒塌，造成6人死亡、35人受伤的重大事故。

该事故主要是安全管理失误造成的。模板施工前没有按规定编制施工方案，浇筑混凝土前未对模板支撑情况进行安全检查，由于模板支撑稳定性不够造成坍塌事故。

四、《建筑施工门式钢管脚手架安全技术规范》简介

为了在门式钢管脚手架的设计与施工中贯彻执行国家有关安全生产的法规，做到技术先行、经济合理、安全适用，国家制定了《建筑施工门式钢管脚手架安全技术规范》(JGJ 128—2010)，自2010年12月1日起施行。

该规范适用于工业与民用建筑施工中采用的落地（底撑）门式钢管脚手架的设计、施工和使用。其他用途（烟囱、水塔等一般构筑物）的门式钢管脚手架可按照本规范的原则进行。该规范主要内容包括：构配件材质性能，荷载，设计计算，构造要求，搭设与拆除，安全管理与维护，模板支撑与满堂脚手架。

五、《建筑施工安全检查标准》简介

为了科学地评价建筑施工安全生产情况，提高安全生产工作和文明施工的管理水平，预防伤亡事故的发生，确保职工的安全和健康，实现检查评价工作的标准化、规范化，国家制定了《建筑施工安全检查标准》(JGJ 59—2011)，自2012年7月1日起施行。

该标准适用于建筑施工企业及其主管部门对建筑施工安全工作的检查和评价，主要内容包括：总则，检查、分类及评分方法，检查评分表。

六、《施工现场临时用电安全技术规范》简介

为贯彻国家安全生产的法律和法规，保障施工现场用电安全，防止触电和电气火灾事故发生，促进建设事业发展，国家制定了《施工现场临时用电安全技术规范》（JGJ 46—2005），自 2005 年 7 月 1 日起施行。

该规范适用于新建、改建和扩建的工业与民用建筑和市政基础设施施工现场临时用电工程中的电源中性点直接接地的 220/380 V 三相四线制低压电力系统的设计、安装、使用、维修和拆除，主要内容包括：临时用电管理，外电线路及电气设备防护，接地与防雷，配电室及自备电源，配电线路、配电箱及开关箱，电动建筑机械和手持式电动工具，照明。

[**事故案例**]

某人力资源市场工程已接近完工，甲方向供电部门申请停电，以便项目改接正常供电线路。2003 年 11 月 24 日 16 时 20 分，供电部门工作人员将变压器的跌落式开关断开后即离开，施工场地随即断电，现场电工改装电缆。此时变压器的二次侧断电，但是一次侧仍然带电。17 时 30 分，杂工班领班杨某误认为变压器整体已经停电，为赶工期擅自带领另外两名杂工准备拆除变压器的防护竹架。杨某首先爬至防护架顶部触及变压器一次侧的高压电，当即被击倒，经抢救无效死亡。

该事故发生的直接原因是：工人安全意识淡薄，在未确认变压器整体断电的情况下，为赶工期冒险蛮干；供电部门未按要求切断工地的整个高压送电线路。事故的间接原因是：甲方、监理单位、施工单位与供电部门缺乏有效沟通；变压器周围无明显安全警示标志；现场用电安全管理不到位。

七、《建筑施工起重吊装安全技术规范》简介

为贯彻执行安全生产方针，确保起重吊装的安全，国家制定了《建筑施工起重吊装安全技术规范》（JGJ 276—2012），自 2012 年 6 月 1 日起施行。

该规范适用于工业与民用建筑中的起重吊装作业。在建筑施工中进行起重吊装作业时，除应符合该规范外，还应符合国家现行有关强制性标准的规定。该规范主要内容包括起重吊装的一般规定、起重机械和索具设备、钢筋混凝土结构吊装、钢结构吊装、特种结构吊装、建筑设备吊装。

[事故案例]

2006 年 8 月 21 日 7 时 50 分左右，某工程塔吊司机张某吊运钢筋。此塔吊超高限位器已失去作用，当起重臂运行至六层顶板时，塔吊起重臂发生冲顶，起重臂及平衡臂同时折断，吊臂及所吊钢筋全部落至六层顶板，将正在顶板上进行支模作业的三名木工赵某、许某、徐某砸伤。赵某、许某经抢救无效死亡，徐某重伤。

该起事故发生的原因是：施工单位在塔吊超高限位器已失去作用的情况下，未及时检修，仍然坚持使用；塔吊司机、信号工在明知塔吊超高限位器失灵的情况下，仍继续进行吊装作业；该工程安全管理失控，对起重机械安全管理措施不落实，安全检查不到位。

第二章 建筑企业安全生产基本知识

第一节 建筑业的分类及安全生产特点

一、建筑业的分类

根据2011年11月1日实施的《国民经济行业分类》（GB/T 4754—2011）规定，建筑业共包括4个大类，14个中类，21个小类，见表2—1。

表2—1 建筑业分类

大类	中类	小类	说明
房屋建筑业	房屋建筑业	房屋建筑业	指房屋主体工程的施工活动，不包括主体工程施工前的工程准备活动
土木工程建筑业	铁路、道路、隧道和桥梁工程建筑	铁路工程建筑	土木工程建筑业指土木工程主体的施工活动，不包括施工前的工程准备活动
		公路工程建筑	
		市政道路工程建筑	
		其他隧道和桥梁工程建筑	

续表

大类	中类	小类	说明
土木工程建筑业	水利和内河港口工程建筑	水源及供水设施工程建筑	
		河湖治理及防洪设施工程建筑	
		港口及航运设施工程建筑	
	海洋工程建筑	海洋工程建筑	指海上工程、海底工程、近海工程建筑活动，不含港口建筑工程活动
	工矿工程建筑	工矿工程建筑	指除厂房外的矿山和工厂生产设施、设备的施工和安装
	架线和管道工程建筑	架线及设备工程建筑	指建筑物外的架线、管道和设备的施工
		管道工程建筑	
	其他土木工程建筑	其他土木工程建筑	
建筑安装业	电气安装	电气安装	指建筑物主体工程竣工后，建筑物内各种设备的安装活动，以及施工中的线路敷设和管道安装。不包括工程收尾的装饰，如对墙面、地板、天花板、门窗等处理活动
	管道和设备安装	管道和设备安装	
	其他建筑安装业	其他建筑安装业	

续表

大类	中类	小类	说明
建筑装饰和其他建筑	建筑装饰业	建筑装饰业	指对建筑工程后期的装饰、装修和清理活动，以及对居室的装修活动
	工程准备活动	建筑物拆除活动	指房屋、土木工程建筑施工前的准备活动
		其他工程准备活动	
	提供施工设备服务	提供施工设备服务	指为建筑工程提供配有操作人员的施工设备的服务
	其他未列名建筑业	其他未列名建筑业	指上述未列明的其他工程建筑活动

二、建筑施工的特点

建筑施工领域安全生产管理点多面广，特殊工种和交叉作业较多，作业环境较差，稍有不慎，就会导致建设项目安全生产事故。建筑施工的特点主要表现在三个方面。

1．产品固定，人员流动

建筑施工最大的特点就是产品固定，人员流动。任何一栋建筑物、构筑物等一经选定了地址，破土动工兴建后就固定不动了，但生产人员要围绕着它上上下下地进行生产活动。建筑产品体积大、生产周期长，有的持续几个月或一年，有的需要三五年或更长的时间。这就形成了在有限的场地上集中了大量的操作人员、施工机具、建筑材料等进行作业的现象，这与其他产业的人员固定、产品流动的生产特点截然不同。

建筑施工人员流动性大，绝大多数施工人员是农民工，他们不但要随工程流动，而且还要根据季节的变化进行流动，给安全管理带来很大的困难。

2. 露天高处作业多，手工操作，繁重体力劳动

建筑施工绝大多数为露天作业，一栋建筑物从基础、主体结构、屋面工程到室外装修等，露天作业约占整个工程的70%。建筑物都是由低到高构建起来的，施工人员一般都要在十几米、几十米甚至百米以上的高空从事露天作业，工作条件差。

我国建筑业虽然有了很大发展，但至今大多数工种仍然没有改变，如抹灰工、瓦工、混凝土工、架子工等仍以手工操作为主。劳动繁重、体力消耗大，加上作业环境恶劣，如光线、雨雪、风霜、雷电等影响，导致操作人员由于注意力不集中或心情烦躁，违章操作的现象十分普遍。

3. 建筑施工变化大，规则性差，不安全因素随着施工的变化而改变

每栋建筑物由于用途不同、结构不同、施工方法不同等，危险有害因素也不相同；同样楼型的建筑物，因工艺和施工方法不同，危险有害因素也不同；在一栋建筑物中，从基础、主体到装修，每道工序不同，危险有害因素也不同；同一道工序，由于工艺和施工方法不同，危险有害因素也不相同。因此，建筑施工变化大，规则性差。施工现场的危险有害因素，随着施工的变化而不断变化，给安全防护带来诸多困难。

建筑施工的特点可以用图2—1表示。

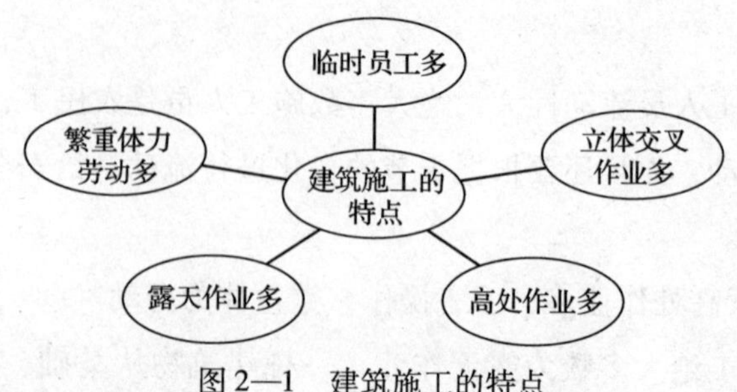

图 2—1　建筑施工的特点

三、建筑业的安全生产形势

1. 当前安全生产形势

20 世纪 90 年代以来，我国建筑业持续快速发展，在国民经济中的地位和作用逐渐增强，是我国国民经济重要的物质生产部门和支柱产业之一。

近年来，我国建筑施工事故总体呈下降趋势，但安全形势仍然不容乐观。以 2005—2014 年全国建筑施工事故起数和死亡人数统计（见图 2—2）为例，2005 年我国建筑施工事故起数为 1 015 起，死亡 1 193 人；2014 年事故起数为 522 起，死亡 648 人。

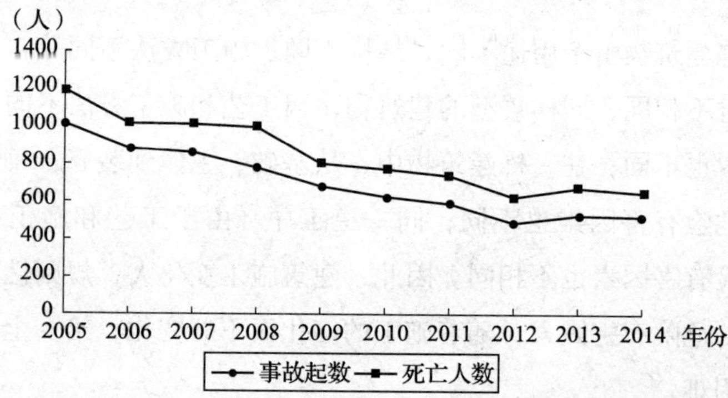

图 2—2　2005—2014 年全国建筑施工事故起数和死亡人数统计

2. 事故的主要原因

（1）国家基本建设投资规模继续保持增长势头，建筑市场需求巨大，建设工程点多面广量大，施工活动空前活跃，基本建设规模快速扩大，城乡建筑增长过快，使建筑业现阶段呈现出事故高发、多发态势。

（2）建筑市场不规范，监管不严。建设工程项目投资主体的多元化，建筑市场秩序不规范，违法分包、非法转包、挂靠等现象比较普遍，建筑市场上存在着拆分项目过细、工程标价过低、不合理压缩工期等问题，特别是建筑业市场门槛过低，一些低水平、低素质的建筑施工企业及队伍进入建筑市场，给建筑安全造成隐患。

（3）工程建设各方主体责任落实不到位，管理滞后。在建设规模高速增长、施工战线拉长、安全风险加大的形势下，建设工程各方责任主体安全生产责任不落实，特别是施工单位的安全生产责任没有层层落实到基层、作业队班组。

（4）施工现场管理不严，隐患整改不彻底，“三违”现象时有发生。一些施工企业对隐患排查治理工作不认真，对发现的隐患整改不力，对工程分包队伍资质审核不严，违规分包、转包、习惯性违章等现象还大量存在。农民工未经培训或培训不合格上岗作业，缺乏自我保护意识和自救能力。

（5）作业现场施工组织不合理，重大及危险工程未做专项设计和专家论证，安全防护措施不到位。

（6）政府行业监管存在薄弱环节。建筑业专业门类较多，监管职责分属不同的职能部门，目前还没有形成统一的监管体系，造成政府监管主体责任不落实。

四、建筑业常见事故类别

建筑施工的主要作业包括土方工程、模板工程、起重吊装工程、拆除工程、脚手架工程、高处作业、焊接作业等，常见的伤亡事故有高处坠落、触电、物体打击、机械伤害和坍塌五大类。另外，火灾也是建筑业常见事故，尤其是高层建筑火灾。由于高层建筑自身的特点以及我国现有消防设施的不足，一旦发生高层建筑火灾，往往造成重大的人员伤亡和财产损失。

1. 高处坠落

人员从临边、洞口，包括屋面边、楼板边、阳台边、预留洞口、电梯井口、楼梯口等处坠落；从脚手架上坠落；在安装、拆除龙门架（井字架）物料提升机和塔吊过程坠落；安装、拆除模板时坠落；结构和设备吊装时坠落。

2. 触电

对经过或靠近施工现场的外电线路没有或缺少防护，在搭设钢管架、绑扎钢筋或起重吊装过程中，触碰这些线路造成触电；使用各类电器设备触电；因电线破皮老化又无开关箱等触电。

3. 物体打击

人员受到同一垂直作业面的交叉作业中和通道口处坠落物体的打击。

4. 机械伤害

主要是垂直运输机械设备、吊装设备、各类桩机等对人的伤害。

5. 坍塌

现浇混凝土梁、板的模板支撑失稳倒塌，基坑边坡失稳引起土石方坍塌，拆除工程中的坍塌，施工现场的围墙及在建工程屋面板质量低劣坍落。

［**事故案例**］

2009 年 2 月 13 日，在某工程二期施工现场，钢筋班工人准备将堆放在基坑边上的钢筋原料转移至钢筋加工厂，钢筋工刘某等 3 名工人在钢筋堆旁做转运工作。由于堆放的钢筋不稳固，刘某站在钢筋堆上不慎滑倒，被随后滚落的一捆钢筋压伤，经抢救无效死亡。

该事故发生的直接原因是：场地狭小，钢筋材料堆放困难，堆放不整齐，不稳固。该事故发生的间接原因是：工人自我保护意识不强，对工作场所情况不了解；吊装管理不到位。

第二节　建筑施工安全基本知识

一、建筑施工组织设计

1. 施工组织设计的含义

施工组织设计是在国家和行业的法律、法规、标准的指导下，从施工的全局出发，根据各种具体条件，拟订工程施工方案、施工程序、施工流向、施工顺序、施工方法、劳动组织、技术措施、施工进度、材料供应、运输道路、场地利用、水电能源保证等现场设施的布置和建设，并做出规划，以便对施工中的各种需要及其变化做好事前准备，使施工建立在科学合理的基础上，从而做到高速地取得最好的经济效益和社会效益。

2. 施工组织设计的类别

建筑工程施工组织设计是指导全局、统筹规划建筑工程施工活动全过程的组织、技术、经济文件，一般分为施工组织总设计、单位工程施工组织设计和分部分项工程施工组织设计三类。

（1）施工组织总设计是以建设项目或群体工程为对象进行编制，指导全局的施工组织设计。一般在初步设计、技术设计或扩大设计方案被批准后，即可编制施工组织总设计。由于大、中型建设项目施工工期需要多年，因此，施工组织总设计也是编制施工企业年度施工计划的依据。

（2）单位工程施工组织设计既是以一个单位工程为对象而编制的，在施工组织总设计的总体规范和控制下，进行较具体、详细的施工安排，也是施工组织总设计的具体化；既是指导本工程项目施工生产活动的文件，也是编制本工程项目季度、月度施工计划的依据。

单位工程施工组织设计是在全套施工图设计完成并进行会审、交底后，由直接组织施工的单位组织编制。并经本单位的计划、技术、质量、安全、动力、材料、财务、劳资等部门审核，由企业的技术负责人（总工程师）审批，签字后生效的技术文件。

（3）分部分项工程施工组织设计的编制对象是危险性较大、技术复杂的分部分项工程或新技术项目，用来具体指导分部分项工程的施工。

二、建筑施工安全技术措施

施工安全技术措施是施工组织设计中的重要组成部分，它是具体安排和指导工程安全施工的安全管理与技术文件。建筑施工企业在编制施工组织设计时，应当根据建筑工程的特点制定相应的安全技术措施。施工安全技术措施针对每项工程在施工过程中可能存在的事故隐患和可能发生的安全问题的环节进行预测，从而在技术上和管理上采取措施，消除或控制施工过程中的不安全因素，防范发生事故。

施工安全技术措施主要包括以下几项：

（1）进入施工现场的安全规定。

（2）地面及深坑作业的防护。

（3）高处及立体交叉作业的防护。

（4）施工用电安全。

（5）机械设备的安全使用。

（6）为确保安全，对于采用的新工艺、新材料、新技术和新结构制定有针对性的、行之有效的专门安全技术措施。

（7）预防因自然灾害（防台风、防雷击、防洪水、防地震、防暑降温、防冻、防寒、防滑等）导致事故的措施。

（8）防火防爆措施。

三、专项安全施工方案

分部分项工程安全施工组织设计也称专项安全施工组织设计或专项安全施工方案。《建筑法》第三十八条规定，对专业性较强的工程项目，应当编制专项安全施工组织设计，并采取安全技术措施。《建设工程安全生产管理条例》第二十六条规定，对达到一定规模的危险性较大的分部分项工程，如基坑支护与降水工程、土方开挖工程、模板工程、起重吊装工程、脚手架工程、拆除、爆破工程等应编制专项施工方案。

根据这个规定，除必须在施工组织设计中编制施工安全技术措施外，还应编制分部分项工程，如基坑支护工程、脚手架工程、起重吊装及安装拆卸工程、模板工程、爆破工程等的专项安全施工方案或者称为施工安全技术措施，详细制定施工工程序、方法及防护措施，确保该分部分项工程的安全施工。

专项安全施工方案的内容必须符合现行安全生产法律、法规和安全技术规范、标准。下面以脚手架工程、模板工程、起重吊装工程为例说明专项安全施工方案的主要内容。

1. 脚手架工程

（1）确定脚手架的种类、搭设方式和形状、使用功能。

（2）设计计算。

（3）绘制施工详图。

（4）编制搭设和拆除方案。

（5）交接验收、自检、互检、使用、维护、保养等的措施。

2. 模板工程

（1）确定现浇混凝土梁、板、柱等采用的模板的种类及支撑材料。

（2）设计计算模板面和支撑体系的强度和变形。

（3）绘制平面、立面、剖面的构造详图。

（4）编制安装、拆除方案。

（5）制定检查、验收、使用等的措施。

3. 起重吊装工程

（1）根据构件或设备的形状、位置、质量、环境制定吊装方案。

（2）选择吊装机具。

（3）绘制吊装机位、路线等实施图。

（4）编制操作、防护及管理措施。

四、危险性较大的分部分项工程安全管理

2009 年 5 月，住房和城乡建设部为加强对危险性较大的分部分项工程安全管理，明确安全专项施工方案编制内容，规范专家论证程序，确保安全专项施工方案实施，积极防范和遏制建筑施工生产安全事故的发生，依据《建设工程安全生产管理条例》及相关安全生产法律法规制度，制定并下发了《危险性较大的分部分项工程安全管理办法》。该办法对应制定专项方案的危险性较大的分部分项工程和应组织专家对方案进行论证的超过一定规模的危险性较大的分部分项工程的范围做出了详细的规定。

五、施工现场安全知识

1. 施工现场安全规定

施工现场是建筑行业生产产品的场所，为了保证施工过程中施工人员的安全和健康，应建立施工现场安全规定。

(1) 悬挂标牌与安全标志。施工现场的入口处应当设置“一图五牌”，即工程总平面布置图和工程概况牌、管理人员及监督电话牌、安全生产规定牌、消防保卫牌、文明施工管理制度牌，以接受群众监督。在场区有高处坠落、触电、物体打击等危险部分应悬挂安全标志牌。

(2) 施工现场四周用硬质材料进行围挡封闭，在市区内其高度不得低于1.8 m。场内的地坪应当做硬化处理，道路应当坚实畅通。施工现场应当保持排水系统畅通，不得随意排放。各种设施和材料的存放应当符合安全规定和施工总平面图的要求。

(3) 施工现场的孔、洞、口、沟、坎、井以及建筑物临边，应当设置围挡、盖板和警示标志，夜间应当设置警示灯。

(4) 施工现场的各类脚手架（包括操作平台及模板支撑）应当按照标准进行设计。采取符合规定的工具和器具，按专项安全施工组织设计搭设，并用绿色密目式安全网全封闭。

（5）施工现场的用电线路、用电设施的安装和使用应当符合临时用电规范和安全操作规程，并按照施工组织设计进行架设，严禁任意拉线接电。

（6）施工单位应当采取措施控制污染，做好施工现场的环境保护工作。

（7）施工现场应当设置必要的生活设施，并符合国家卫生有关规定要求。应当做到生活区与施工区、加工区的分离。

（8）进入施工现场必须戴安全帽，攀登与独立悬空作业配挂安全带。

2．施工过程中的安全操作知识

施工现场中有两类人员参加施工，一类是管理人员，包括项目经理、施工员、技术员、质监员、安全员等；另一类是操作人员，包括瓦工、木工、钢筋工等各工种操作人员。施工管理人员在任何情况下，不应为了抢进度而忽视安全规定，指挥工人冒险作业。操作人员应通过三级教育、安全技术交底和每日的班前活动，掌握保护自己生命安全和健康的知识和技能，杜绝冒险蛮干，做到不伤害自己，不伤害别人，也不被别人伤害。各类人员除了做到不违章指挥、不违章作业以外，还应熟悉以下建筑施工安全的特点。

（1）安全防护措施和设施需要不断地补充和完善。随着建筑物从基础到主体结构的施工，不安全因素和安全隐患也在不断地变化和增加，这就需要及时地针对变化了的情况和新出现的隐患采取措施进行防护，确保安全生产。

（2）在有限的空间交叉作业，危险因素多。在施工现场的有限空间里集中了大量的机械、设施、材料和人。随着在建工程形象进度的不断变化，机械与人、人与人之间的交叉作业就会越来越频繁，因此，需要建筑工人增强安全意识，掌握安全生产方面的法律、法规、规范、标准知识，杜绝违章施工、冒险作业。

六、施工现场安全措施

1．安全目标管理

安全目标管理的主要内容如下：

（1）控制伤亡事故指标。

（2）施工现场安全达标。在施工期间内都必须达到《建筑施工安全检查标准》的合格以上要求。

（3）文明施工。要制定施工现场全工期内总体和分阶段的目标，并要进行责任分解落实到人，制定考评办法，奖优罚劣。

2．文明施工

根据《建筑施工安全检查标准》的规定，在工程施工期间，施工现场都能做到地坪硬化、场区绿化、五小设施（办公室、宿舍、食堂、厕所、浴室）卫生化、材料堆放标准化等文明施工的标准。

3．安全技术交底

任何一项分部分项工程在施工前，工程技术人员都应根据施工组织设计的要求，编写有针对性的安全技术交底书，由技术人员对班组工人进行交底。接受交底的工人，应在交底书上签字。

4．安全标志

在危险处，如起重机械、临时用电设施、脚手架、出入通道口、楼梯口、电梯井口、孔洞口、桥梁口、隧道口、基坑边沿、爆破物及有害危险气体和液体存放处等，都必须按《安全色》《安全标志及其使用导则》和《工作场所职业病危害警示标识》的规定悬挂醒目的安全标志牌。

5．季节性施工

建筑施工绝大多数是露天作业，受到天气变化的影响很大，因此，在施工中要针对季节的变化制定相应的施工措施，主要包括雨季施工和冬季施工措施，夏季的防暑降温措施。

6．尘毒防治

建筑施工中主要有水泥粉尘、电焊锰尘及油漆涂料等粉尘和有毒有害气体的危害，应采取防治措施。施工单位应向作业人员提供合格的劳动防护用品，并书面告知危险岗位的操作规程和违章操作的危害。作业人员应当遵守安全施工的强制性标准、规章制度和操作规程。

［**事故案例**］

2005 年 12 月 14 日，河北省石家庄市某污水处理厂 1 号污水消化池工程施工现场，施工人员在浇筑污水消化池混凝土时，模板支撑系统坍塌，共造成 6 人死亡。

事故原因如下：

（1）没有根据国内现行的标准和实际条件对 RSB（蛋形消化池）模板体系进行技术分析。

（2）没有按工程实际对 RSB 模板体系结构进行复算，并制定专项施工方案。

（3）没有产品质量合格证书，未见相应施工操作、质量和验收的标准文件，RSB 模板的制造和安装存在缺陷。

（4）混凝土浇筑施工作业没有按 RSB 模板的设计条件进行控制，

混凝土的初、终凝结时间没有控制措施。冬期施工也是影响混凝土初凝时间的不利因素。

此外，还存在以下管理缺陷：技术和质量管理不到位，安全生产职责落实不到位，现场检查监督监理不到位和安全意识与教育工作不到位。

第三章 安全生产管理知识

第一节 安全生产责任制

一、安全生产责任制的基本要求

安全生产责任制是按照安全生产方针和“管生产的同时必须管安全”的原则，将各级负责人员、各职能部门及其工作人员和各岗位生产人员在安全生产方面应做的事情和应负的责任加以明确规定的一种制度。安全生产责任制既是生产经营单位各项安全生产规章制度的核心，也是生产经营单位最基本的安全管理制度。

生产经营单位的安全生产责任制应当明确各岗位的责任人员、责任范围和考核标准等内容。生产经营单位应当建立相应的机制，加强对安全生产责任制落实情况的监督考核，保证安全生产责任制的落实。

建立完善的安全生产责任制的总要求是横向到边、纵向到底，并由生产经营单位主要负责人组织建立。其内容大体可分为以下两个方面：

（1）纵向方面，即从上到下所有类型人员的安全生产职责。在建立责任制时，可首先将本单位从主要负责人一直到岗位工人分成相应的层级；然后结合本单位的实际工作，对不同层级的人员在安全生产中应承担的职责做出规定。安全生产责任制在纵向方面包括生产经营单位主要负责人、生产经营单位其他负责人、生产经营单位各职能部门负责人及其工作人员、班组长、岗位工人等。

（2）横向方面，即各职能部门（包括党、政、工、团）的安全生产职责。在建立责任制时，可按照本单位职能部门的设置（如安全、设备、技术、生产、人事、培训、宣传、工会等），分别对其在安全生产中应承担的职责做出规定。

二、生产经营单位主要负责人的安全职责

根据《安全生产法》，生产经营单位的主要负责人对本单位安全生产工作负有下列职责：

（1）建立、健全本单位安全生产责任制。

（2）组织制定本单位安全生产规章制度和操作规程。

（3）组织制订并实施本单位安全生产教育和培训计划。

（4）保证本单位安全生产投入的有效实施。

（5）督促、检查本单位的安全生产工作，及时消除生产安全事故隐患。

（6）组织制订并实施本单位的生产安全事故应急救援预案。

（7）及时、如实报告生产安全事故。

三、生产经营单位安全生产管理人员的安全职责

根据《安全生产法》，矿山、金属冶炼、建筑施工、道路运输单位和危险物品的生产、经营、储存单位，应当设置安全生产管理机构或者配备专职安全生产管理人员。生产经营单位的安全生产管理机构以及安全生产管理人员履行下列职责：

（1）组织或者参与拟定本单位安全生产规章制度、操作规程和生产安全事故应急救援预案。

（2）组织或者参与本单位安全生产教育和培训，如实记录安全生产教育和培训情况。

（3）督促落实本单位重大危险源的安全管理措施。

（4）组织或者参与本单位应急救援演练。

（5）检查本单位的安全生产状况，及时排查生产安全事故隐患，提出改进安全生产管理的建议。

（6）制止和纠正违章指挥、强令冒险作业、违反操作规程的行为。

（7）督促落实本单位安全生产整改措施。

四、班组安全员的安全生产职责

（1）协助班组长做好本班组安全工作，包括班前安全布置、班中安全检查、班后安全总结等。

（2）组织开展本班组各种安全活动，认真做好安全活动日记录，提出改进安全工作的意见和建议。

（3）对新工人进行岗位安全教育。

（4）检查督促班组人员合理使用劳动防护用品、消防器材。

（5）严格执行有关安全生产的各项规章制度，对违章作业有权制止，并及时报告。

（6）及时了解事故发生情况，维护好现场，并及时向领导报告。

五、岗位工人的安全生产职责

（1）认真学习和严格遵守各项规章制度，不违反劳动纪律，不违章作业，对本岗位的安全生产负直接责任。

（2）精心操作，严格执行工艺纪律，做好各项记录。交接班必须交接安全情况。

（3）正确分析、判断和处理各种事故隐患，把事故消灭在萌芽状态，如发生事故要正确处理，及时、如实地向上级报告，并保护现场，做好详细记录。

（4）按时认真进行巡回检查，发现异常情况及时处理和报告。

（5）正确操作，精心维护设备，保持作业环境整洁，搞好文明生产。

（6）上岗必须按规定着装，妥善保管和正确使用各种防护器具和灭火器材。

（7）积极参加各种安全活动。

（8）有权拒绝违章作业的指令，对他人违章作业加以劝阻和制止。

［**事故案例**］

2014 年 12 月 29 日 8 时 20 分许，在北京市海淀区清华大学附属中学体育馆及宿舍楼工程工地，作业人员在基坑内绑扎钢筋过程中，钢筋发生坍塌，造成 10 人死亡、4 人受伤。

事发地点位于基坑 3 标段，深约 13 m、宽约 42.2 m、长约 58.3 m。底板为平板式筏板基础，上下两层双排双向钢筋网，上层钢筋网用马凳支承。事发前，已完成对基坑南侧 1、2 段筏板的基础浇筑，及 3 段下层钢筋的绑扎、马凳安放和上层钢筋的铺设等工作；马凳采用直径 25 mm 或 28 mm 的带肋钢筋焊制，安放间距为 0.9 ~ 2.1 m；马凳横梁与基础底板上层钢筋网大多数未固定；马凳脚筋与基础底板下层钢筋网少数未固定；上层钢筋网有多处堆放钢筋物料。事发时，上层钢筋整体向东侧位移并坍塌，坍塌面积为 2 000 余 m^2。

该事故发生的直接原因是：未按要求堆放物料、制作和布置马凳，马凳与钢筋未形成完整的结构体系，致使基础底板钢筋整体坍塌。该事故发生的间接原因是：施工现场管理缺失、备案项目经理长期不在岗、专职安全员配备不足、经营管理混乱、项目监理不到位。

第二节　安全生产规章制度

一、安全生产规章制度的管理

安全生产规章制度是生产经营单位贯彻国家有关安全生产法律法规、国家和行业标准，贯彻国家安全生产方针政策的行动指南，是生产经营单位有效防范生产、经营过程中安全生产风险，保障从业人员安全和健康，加强安全生产管理的重要措施。

生产经营单位应每年编制安全生产规章制度制定、修订的工作计划。安全规章制度的制定一般包括起草、会签、审核、签发、发布五个流程。

安全规章制度由负有安全生产管理职能的部门负责起草，应在送交相关领导签发前征求有关部门的意见。安全生产规章制度在签发前，应进行审核。安全生产规章制度应采用固定的发布方式，如通过红头文件的形式、在单位内部办公网络发布等。发布的范围应覆盖与制度相关的部门及人员。

安全生产规章制度发布后，生产经营单位应组织有关人员进行学习和培训，对于安全操作类安全生产规章制度，还应对相关人员进行考核，考试合格后才能上岗作业。安全生产规章制度日常管理的重点是执行过程中的动态检查，确保得到贯彻落实。

安全生产经营单位应每年对安全生产规章制度进行一次修订，并公布现行有效的安全规章制度清单。对安全操作规程类安全生产规章制度，除每年进行一次修订外，3～5 年应组织进行一次全面修订，并重新印刷。

二、安全生产规章制度的种类

安全生产规章制度很多，一般由综合安全管理、人员安全管理、设备设施安全管理、环境安全管理四类组成。

1．综合安全管理制度

主要包括以下内容：

（1）安全生产责任制度。

（2）安全措施和费用管理制度。

（3）重大危险源管理制度。

（4）危险物品使用管理制度。

（5）隐患排查和治理制度。

（6）事故调查报告处理制度。

（7）消防安全管理制度。

（8）安全奖惩制度。

2．人员安全管理制度

主要包括以下内容：

（1）安全教育培训制度。

（2）特种作业及特殊作业管理制度。

（3）劳动防护用品发放使用和管理制度。

（4）岗位安全规范。

（5）职业健康检查制度。

3．设备设施安全管理制度

主要包括以下内容：

（1）“三同时”制度。

（2）定期巡视检查制度。

（3）定期维护检修制度。

（4）定期检测、检验制度。

（5）安全操作规程。

4. 环境安全管理制度

主要包括以下内容：

（1）安全标志管理制度。

（2）作业环境管理制度。

（3）工业卫生管理制度。

三、建筑企业安全生产管理机构的设置和人员配备

建筑企业安全生产组织保证体系一般按如下方式构成。

（1）根据工程施工特点和规模，设置项目安全生产最高权力机构——安全生产委员会或安全生产领导小组。

建筑面积在5万 m^2（含5万 m^2）以上或造价在3 000万元人民币（含3 000万元）以上的工程项目，应设置安全生产委员会；建筑面积在5万 m^2以下或造价在3 000万元人民币以下的工程项目，应设置安全领导小组。安全生产委员会由工程项目经理、主管生产和技术的副经理、安全部负责人、分包单位负责人以及人事、财务、机械、工会等有关部门负责人组成，人员以5～7人为宜。安全生产领导小组由工程项目经理、主管生产和技术的副经理、专职安全管理人员、分包单位负责人以及人事、财务、机械、工会等负责人组成，人员以3～5人为宜。安全生产委员会（或安全生产领导小组）主任（或组长）由工程项目经理担任。

（2）设置安全生产专职管理机构——安全部，并配备一定素质和数量的专职安全管理人员。安全部是工程项目安全生产专职管理机构，安全生产委员会或领导小组的常设办事机构设在安全部。

（3）设置安全生产总监（工程师）职位。

（4）安全管理人员的配置。施工项目建筑面积 1 万 m^2 及以下设置 1 人；施工项目建筑面积 1 万 ~ 3 万 m^2 设置 2 人；施工项目建筑面积 3 万 ~ 5 万 m^2 设置 3 人；施工项目建筑面积在 5 万 m^2 以上按专业设置安全员，成立安全组。

[**事故案例**]

2005 年 7 月 7 日，某经贸中心工程施工现场，作业人员正在基坑浇筑最后一次约 1.5 m 厚的基础胎模混凝土。约 21 时，浇筑即将完工时，突然发生胀模，尚未凝固的混凝土发生坍塌，振捣工夏某落入尚未凝固的混凝土内，约 20 min 后被救出，经抢救无效死亡。

该事故发生的直接原因是：模板支护及混凝土施工未按施工方案进行。原设计模板背面四道横向肋只安装了三道，浇筑程序未按每层 50 cm 浇灌，而是一次浇灌至 1.5 m 厚。局部模板受不住侧压力突然胀模坍塌。

该事故发生的间接原因是：项目部安全管理不到位，未按施工组织设计规定的程序浇筑混凝土；浇筑混凝土前，模板未按规定的程序进行验收。

第三节　安全生产标准化

一、安全生产标准化的定义和作用

1. 安全生产标准化的定义

安全生产标准化是指通过建立安全生产责任制，制定安全管理制度和操作规程，排查治理隐患和监控重大危险源，建立预防机制，规范生产行为，使各生产环节符合有关安全生产法律法规和标准规范的要求，人、机、物、环处于良好的生产状态，并持续改进，不断加强企业安全生产规范化建设。

安全生产标准化建设是指采用科学的方法和手段，提高人的安全意识，创造人的安全环境，规范人的安全行为，使人—机—环境达到最佳统一，从而实现最大限度地防止和减少伤亡事故的目的。安全生产标准化建设的面很广，既涉及人的思想，又涉及人的行为，还涉及人所从事的环境，所管理的机械设备、物体材料等方面的内容。

2. 安全生产标准化的作用

为全面推进企业安全生产标准化工作，国家安全生产监督管理总局于2010年4月发布了《企业安全生产标准化基本规范》（AQ/T 9006—2010)，自2010年6月1日起正式实施。2010年7月，国务院印发了《关于进一步加强安全生产工作的通知》（国发〔2010〕23号)，其中第七条明确提出要全面开展安全达标。深入开展以岗位达标、专业达标和企业达标为内容的安全生产标准化建设，凡在规定时间内未实现达标的企业要依法暂扣其安全生产许可证，责令停产整顿；对整改逾期未达标的，地方政府要依法予以关闭。

企业建设安全生产标准化的作用包括以下内容：

（1）可建立企业动态安全管理系统，落实安全主体责任。

（2）可通过对企业各生产环节的风险辨识、预控，最大限度地消除事故隐患。

（3）可提高安全管理水平，提升企业本质安全，建立自我约束、持续改进的安全长效机制。

(4) 各级安监部门通过督促和推进，能落实安全监管主体责任，促进安全专项整治，实现依法监管、科学监管，有效遏制重特大事故发生。

二、安全生产标准化建设的主要内容

根据《企业安全生产标准化基本规范》(AQ/T 9006—2010)，安全生产标准化建设的核心要求见表3—1。

表3—1　　安全生产标准化的核心要求

序号	一级要素	二级要素
1	目标	
2	组织机构和职责	组织机构
		职责
3	安全生产投入	
4	法律法规与安全管理制度	法律、法规、标准、规范
		规章制度
		操作规程
		评估
		修订
		文件和档案管理
5	教育培训	教育培训管理
		安全生产管理人员教育培训
		操作岗位人员教育培训
		其他人员教育培训
		安全文化建设
6	生产设备设施	生产设备设施建设
		设备设施运行管理
		新设备设施验收及旧设备拆除、报废

续表

序号	一级要素	二级要素
7	作业安全	生产现场管理和生产过程控制
		作业行为管理
		警示标志
		相关方管理
		变更
8	隐患排查和治理	隐患排查
		排查范围与方法
		隐患治理
		预测预警
9	重大危险源监控	辨识与评估
		登记建档与备案
		监控与管理
10	职业健康	职业健康管理
		职业危害告知和警示
		职业危害申报
11	应急救援	应急机构和队伍
		应急预案
		应急设施、装备、物资
		应急演练
		事故救援
12	事故报告、调查和处理	事故报告
		事故调查和处理
13	绩效评定和持续改进	绩效评定
		持续改进

三、安全生产标准化建设的步骤

企业安全生产标准化工作采用“策划、实施、检查、改进”动态循环的模式，依据标准的要求，结合自身特点，建立并保持安全生产标准化系统。通过自我检查、自我纠正和自我完善，建立安全绩效持续改进的安全生产长效机制。

安全生产标准化建设包括以下步骤：

（1）准备阶段：确定企业安全生产标准化的目标，并对企业安全管理现状进行初始评估。

（2）策划阶段：根据相关实施指南，建立安全标准化系统的内容。

（3）实施与运行阶段：落实安全生产标准化系统的各项要求，提供有效运行的必要资源。

（4）评价阶段：对实施情况进行检查和内部评价，提出完善措施。

（5）改进与提高阶段：根据评价的结果，改进安全生产标准化系统，不断提高安全绩效。

四、建筑施工安全生产标准化考评办法

2014 年 7 月 31 日，住房和城乡建设部印发了《建筑施工安全生产标准化考评暂行办法》，其目的是进一步加强建筑施工安全生产管理，落实企业安全生产主体责任，规范建筑施工安全生产标准化考评工作。

1. 基本要求

建筑施工安全生产标准化考评包括建筑施工项目安全生产标准化考评和建筑施工企业安全生产标准化考评。建筑施工项目是指新建、

扩建、改建房屋建筑和市政基础设施工程项目。建筑施工企业是指从事新建、扩建、改建房屋建筑和市政基础设施工程施工活动的建筑施工总承包及专业承包企业。

国务院住房城乡建设主管部门监督指导全国建筑施工安全生产标准化考评工作。县级以上地方人民政府住房城乡建设主管部门负责本行政区域内建筑施工安全生产标准化考评工作。县级以上地方人民政府住房城乡建设主管部门可以委托建筑施工安全监督机构具体实施建筑施工安全生产标准化考评工作。

2. 项目考评

（1）建筑施工企业应当建立健全以项目负责人为第一责任人的项目安全生产管理体系，依法履行安全生产职责，实施项目安全生产标准化工作。建筑施工项目实行施工总承包的，施工总承包单位对项目安全生产标准化工作负总责。施工总承包单位应当组织专业承包单位等开展项目安全生产标准化工作。

（2）工程项目应当成立由施工总承包及专业承包单位等组成的项目安全生产标准化自评机构，在项目施工过程中每月主要依据《建筑施工安全检查标准》（JGJ 59）等开展安全生产标准化自评工作。

（3）对建筑施工项目实施安全生产监督的住房城乡建设主管部门或其委托的建筑施工安全监督机构（以下简称项目考评主体）负责建筑施工项目安全生产标准化考评工作。

（4）项目完工后办理竣工验收前，建筑施工企业应当向项目考评主体提交项目安全生产标准化自评材料。

（5）项目考评主体收到建筑施工企业提交的材料后，经查验符合要求的，以项目自评为基础，结合日常监管情况对项目安全生产标准化工作进行评定，在10个工作日内向建筑施工企业发放项目考评结果告知书。

评定结果为“优良”“合格”及“不合格”。评定结果为不合格的，应当在项目考评结果告知书中说明理由及项目考评不合格的责任单位。

3. 企业考评

(1) 建筑施工企业应当建立健全以法定代表人为第一责任人的企业安全生产管理体系，依法履行安全生产职责，实施企业安全生产标准化工作。

(2) 建筑施工企业应当成立企业安全生产标准化自评机构，每年主要依据《施工企业安全生产评价标准》（JGJ/T 77—2010）等开展企业安全生产标准化自评工作。

(3) 对建筑施工企业颁发安全生产许可证的住房城乡建设主管部门或其委托的建筑施工安全监督机构（以下简称企业考评主体）负责建筑施工企业的安全生产标准化考评工作。

(4) 建筑施工企业在办理安全生产许可证延期时，应当向企业考评主体提交企业自评材料。

(5) 企业考评主体收到建筑施工企业提交的材料后，经查验符合要求的，以企业自评为基础，以企业承建项目安全生产标准化考评结果为主要依据，结合安全生产许可证动态监管情况对企业安全生产标准化工作进行评定，在20个工作日内向建筑施工企业发放企业考评结果告知书。

评定结果为“优良”“合格”及“不合格”。评定结果为不合格的，应当说明理由，责令限期整改。

4. 奖励和惩戒

（1）建筑施工安全生产标准化考评结果作为政府相关部门进行绩效考核、信用评级、诚信评价、评先推优、投融资风险评估、保险费率浮动等重要参考依据。

（2）对于安全生产标准化考评不合格的建筑施工企业，住房城乡建设主管部门应当责令限期整改，在企业办理安全生产许可证延期时，复核其安全生产条件，对整改后具备安全生产条件的，安全生产标准化考评结果为“整改后合格”，核发安全生产许可证；对不再具备安全生产条件的，不予核发安全生产许可证。

（3）对于安全生产标准化考评不合格的建筑施工企业及项目，住房城乡建设主管部门应当在企业主要负责人、项目负责人办理安全生产考核合格证书延期时，责令限期重新考核，对重新考核合格的，核发安全生产考核合格证；对重新考核不合格的，不予核发安全生产考核合格证。

[**相关知识**]

建筑施工企业开展安全生产标准化工作的经验主要有以下五个方面：

（1）加强组织领导，认真开展工作。一是领导高度重视，二是提高思想认识，三是坚持齐抓共管。

（2）完善相关制度，确保工作落实。各地住房城乡建设主管部门应结合实际情况，制定相关的政策措施，为建筑施工安全生产标准化工作的开展提供法规及制度保障。

（3）严格工作考核，发挥典型作用。各地在推进建筑施工安全生产标准化工作中，通过加强考核，提高企业做好这项工作的主动性和积极性。

(4) 加大科技投入，增强保障能力。各地在推进建筑安全生产标准化工作中，注重加大科技投入，有力地促进了建筑施工现场安全管理水平的提高。

(5) 注重教育培训，提高人员素质。各地在推进建筑安全生产标准化工作中，通过加强安全教育培训，增强从业人员安全生产意识，提高现场作业人员的安全生产技能，为建筑施工安全生产稳定好转奠定坚实的基础。

第四节　安全生产教育和培训

一、安全生产教育和培训的基本要求

安全教育和培训工作是贯彻“安全第一、预防为主、综合治理”安全生产方针，实现安全生产和文明生产，提高员工安全意识和安全素质，防止产生不安全行为，减少人为失误的重要途径。进行安全生产教育和培训，首先要提高生产经营单位管理者及员工的安全生产责任感和自觉性，认真学习有关安全生产的法律、法规和安全生产基本知识；其次要普及和提高员工的安全技术知识，增强安全操作技能，强化安全意识，从而保护自己和他人的安全与健康。

《安全生产法》对安全生产教育和培训做出了明确规定。

《安全生产法》第二十四条规定，生产经营单位的主要负责人和安全生产管理人员必须具备与本单位所从事的生产经营活动相应的安全生产知识和管理能力。危险物品的生产、经营、储存单位以及矿

山、金属冶炼、建筑施工、道路运输单位的主要负责人和安全生产管理人员，应当由主管的负有安全生产监督管理职责的部门对其安全生产知识和管理能力考核合格。

《安全生产法》第二十五条规定，生产经营单位应当对从业人员进行安全生产教育和培训，保证从业人员具备必要的安全生产知识，熟悉有关的安全生产规章制度和安全操作规程，掌握本岗位的安全操作技能，了解事故应急处理措施，知悉自身在安全生产方面的权利和义务。未经安全生产教育和培训合格的从业人员，不得上岗作业。

生产经营单位使用被派遣劳动者的，应当将被派遣劳动者纳入本单位从业人员统一管理，对被派遣劳动者进行岗位安全操作规程和安全操作技能的教育和培训。劳务派遣单位应当对被派遣劳动者进行必要的安全生产教育和培训。

生产经营单位接收中等职业学校、高等学校学生实习的，应当对实习学生进行相应的安全生产教育和培训，提供必要的劳动防护用品。学校应当协助生产经营单位对实习学生进行安全生产教育和培训。

生产经营单位应当建立安全生产教育和培训档案，如实记录安全生产教育和培训的时间、内容、参加人员以及考核结果等情况。

《安全生产法》第二十六条规定，生产经营单位采用新工艺、新技术、新材料或者使用新设备，必须了解、掌握其安全技术特性，采取有效的安全防护措施，并对从业人员进行专门的安全生产教育和培训。

《安全生产法》第二十七条规定，生产经营单位的特种作业人员必须按照国家有关规定经专门的安全作业培训，取得相应资格，方可上岗作业。特种作业人员的范围由国务院安全生产监督管理部门会同国务院有关部门确定。

为了贯彻落实《安全生产法》，国务院安委会和国家安监总局颁发了一系列有关安全生产教育和培训的文件，包括《国务院安委会关于进一步加强安全培训工作的决定》《生产经营单位安全培训规定》《特种作业人员安全技术培训考核管理规定》《安全生产培训管理办法》《关于加强安全生产应急管理培训工作的实施意见》《关于加强农民工安全生产培训工作的意见》等。

二、特种作业人员的安全教育和培训

1. 特种作业与特种作业人员

特种作业是指在劳动过程中容易发生伤亡事故，对操作者本人、他人和周围设施的安全可能造成重大危害的作业。直接从事特种作业的人员称为特种作业人员。

特种作业的范围根据《特种作业目录》分为以下十一大类。

（1）电工作业。指对电气设备进行运行、维护、安装、检修、改造、施工、调试等作业（不含电力系统进网作业），含高压电工作业、低压电工作业、防爆电气作业。

（2）焊接与热切割作业。指运用焊接或者热切割方法对材料进行加工的作业（不含《特种设备安全监察条例》规定的有关作业），含熔化焊接与热切割作业、压力焊作业、钎焊作业。

（3）高处作业。指专门或经常在坠落高度基准面 2 m 及以上有可能坠落的高处进行的作业，含登高架设作业，高处安装、维护、拆除作业。

（4）制冷与空调作业。指对大中型制冷与空调设备运行操作、安装与修理的作业，含制冷与空调设备运行操作作业、制冷与空调设备安装修理作业。

（5）煤矿安全作业。

（6）金属非金属矿山安全作业。

（7）石油天然气安全作业。含司钻作业。

（8）冶金（有色）生产安全作业。含煤气作业。

（9）危险化学品安全作业。指从事危险化工工艺过程操作及化工自动化控制仪表安装、维修、维护的作业。

（10）烟花爆竹安全作业。

（11）安全监管总局认定的其他作业。

2．特种作业人员的教育和培训

特种作业人员在劳动生产过程中担负着特殊任务，所承担的风险较大，一旦发生事故，便会给企业生产、职工生命安全造成较大损失。因此，特种作业人员必须经专门的安全技术培训并考核合格，取得中华人民共和国特种作业操作证后，方可上岗作业。未经培训，或培训考核不合格者，不得上岗作业。

特种作业人员的安全技术培训、考核、发证、复审工作实行统一监管、分级实施、教考分离的原则。特种作业人员应当接受与其所从事的特种作业相应的安全技术理论培训和实际操作培训。跨省、自治区、直辖市从业的特种作业人员，可以在户籍所在地或者从业所在地参加培训。

3．特种作业人员的考核发证和复审

特种作业人员的考核包括考试和审核两部分。考试由考核发证机关或其委托的单位负责，审核由考核发证机关负责。特种作业操作资格考试包括安全技术理论考试和实际操作考试两部分。考试不及格的，允许补考1次。经补考仍不及格的，重新参加相应的安全技术培训。特种作业操作证有效期为6年，在全国范围内有效。特种作业操作证由安全监管总局统一式样、标准及编号。

特种作业操作证每3年复审1次。特种作业人员在特种作业操作证有效期内，连续从事本工种10年以上，严格遵守有关安全生产法律、法规的，经原考核发证机关或者从业所在地考核发证机关同意，特种作业操作证的复审时间可以延长至每6年1次。

特种作业操作证申请复审或者延期复审前，特种作业人员应当参加必要的安全培训并考试合格。安全培训时间不少于8个学时，主要培训法律、法规、标准、事故案例和有关新工艺、新技术、新装备等知识。

三、从业人员安全生产教育和培训的基本内容

生产经营单位的其他从业人员（简称从业人员）是指除主要负责人和安全生产管理人员以外，该单位从事生产经营活动的所有人员（包括临时聘用人员）。

1. 新从业人员的教育和培训

新从业人员应进行厂（矿）、车间（工段、区、队）、班组三级教育和培训，生产经营单位新上岗的从业人员，岗前安全培训时间不得少于24个学时。煤矿、非煤矿山、危险化学品、烟花爆竹、金属冶炼等生产经营单位新上岗的从业人员安全培训时间不得少于72个学时，每年再培训的时间不得少于20个学时。

2. 调岗或离岗后重新上岗安全教育和培训

从业人员调整工作岗位后，由于岗位工作特点、要求不同，应重新进行新岗位安全教育和培训，并经考试合格后方可上岗作业。由于工作需要或其他原因离开岗位后，重新上岗作业应重新进行安全教育和培训，经考试合格后方可上岗作业。

调整工作岗位和离岗后重新上岗的安全教育和培训工作，原则上应由车间组织。

3．“四新”安全教育和培训

企业实施新工艺、新技术或者使用新设备、新材料时，应对从业人员进行有针对性的安全生产教育和培训。由于“四新”作业未知因素多，从业人员对危险因素了解甚少，缺乏操作知识，容易发生事故，因此必须对操作者和有关人员加强安全教育和管理。经严格考试合格后，才允许上机操作。

4．岗位安全教育和培训

岗位安全教育和培训，是指根据岗位要求所应具备的安全知识和技能而为在岗员工安排的安全教育和培训活动，主要包括日常安全教育和培训、定期安全考试和专题安全教育和培训三个方面。

生产经营单位要确立终身教育的观念和全员培训的目标，对在岗的从业人员应进行经常性的安全生产教育和培训。

[事故案例]

某住宅楼，建筑面积42 000 m^2，共6层，砖混结构。某年4月14日下午，瓦工钟某搭设3楼脚手架。16时10分左右，钟某未系安全带，站在自放且没有任何固定的长约1.4 m、宽约0.25 m的钢模板上操作，钢模板搭在脚手架两根小横杆上，中间又放一根活动的短钢管未加固定。当钟某竖起一根6 m长、约24 kg重的钢管立杆与扣件吻合时，由于钢管部分向外伸出，钟某虽用力吻合数次，试图使其准确到位，但未能如愿。因外斜力过大使其在脚手板上失去重心，随钢管从 8.4 m 高处一同坠落，跌落于地面施工的跳板上，坠落时头面部先着地，安全帽跌落在 2 m 以外的地方。现场人员急送钟某到医院抢救，终因失血过多，于 18 时 30 分死亡。

事故的直接原因是：钟某安全意识淡薄，未经脚手架搭设技能培训，无操作上岗证，对操作的规章制度遵守不严；虽戴安全帽，但未系安全带；不按操作规程施工，在搭设过程中对关键部位操作要领不清。

事故的间接原因是：架子工负责人严重违章指挥，在钟某不具有架子工操作证，不系安全带和无安全防护的情况下，置安全操作规程于不顾，安排无证人员进行高处脚手架搭设；项目经理部未核验特殊工种操作证，忽视对特种作业人员的管理。

四、安全生产教育和培训的形式

安全教育和培训的形式和方法与一般教学的形式和方法相同，多种多样，各有特点。在实际应用中，要根据教育和培训的内容和对象灵活选择。

安全教育和培训的主要方法有课堂讲授法、实际演练法、案例研讨法、读书指导法、宣传娱乐法等。

经常性安全教育和培训的形式有每天的班前班后会上说明安全注意事项，安全活动日，安全生产会议，各类安全生产业务培训班，事故现场分析会，张贴安全生产招贴画、宣传标语及标志，安全文化知识竞赛等。

第五节　安全生产检查与隐患排查治理

一、安全生产检查的类型

安全检查是企业安全生产的一项基本制度，是企业安全生产管理的重要内容之一，是消除隐患、防止事故发生、改善劳动条件的重要手段。通过安全生产检查，可以发现生产经营单位生产过程中的危险因素，以便有计划地制定纠正措施，保证安全生产。

安全检查通常可分为以下六种类型。

1. 定期安全检查

定期安全检查一般是通过有计划、有组织、有目的的形式来实现的。检查周期根据各单位实际情况确定，如每年几次、每季几次、每月几次等。定期检查面广，有深度，能及时发现并解决问题。

2. 经常性（日常）安全检查

经常性安全检查采取个别的、日常的巡视方式来实现。在施工（生产）过程中进行经常性的预防检查，能及时发现隐患，及时消除，保证施工（生产）正常进行。

3. 季节性及节假日前后安全检查

季节性安全检查是指由各级生产单位根据季节变化，按事故发生的规律对易发的潜在危险，突出重点进行季节检查，如冬季防冻保温、防火、防煤气中毒等检查；夏季防暑降温、防汛、防雷电等检查。安排节假日前后安全检查是由于节假日前后职工注意力在过节上，容易发生事故，因而应在节假日前后进行有针对性的安全检查。

4. 专业（项）安全检查

专业（项）安全检查是对某个专业（项）问题或在施工（生产）中存在的普遍性安全问题进行的单项定性或定量检查。专业（项）安全检查具有较强的针对性和专业要求，用于检查难度较大的项目。如对危险性较大的在用设备、设施，作业场所环境条件的管理性或监督性定量检测检验。

5. 综合性安全检查

综合性安全检查一般是由主管部门对下属各企业或生产单位进行的全面综合性检查，必要时可组织进行系统的安全性评价。

6. 职工代表不定期的安全巡查

由企业或车间工会负责组织有专业技术特长的职工代表进行安全生产巡视和检查。重点检查国家安全生产方针、法规的贯彻执行情况，各级人员安全生产责任制和规章制度的落实情况，从业人员安全生产权利的保障情况，生产现场的安全状况，事故隐患的整改情况。

二、安全检查的内容

1. 安全检查的主要内容

安全生产检查的内容包括软件系统和硬件系统。软件系统的检查主要是查思想、查意识、查制度、查管理、查事故处理、查隐患、查整改。硬件系统的检查主要是查生产设备、查辅助设施、查安全设施、查作业环境。

安全生产检查具体内容应本着突出重点的原则进行确定。对于危险性大、易发事故、事故危害大的生产系统、部位、装置、设备等应加强检查。一般应重点检查如下项目：易造成重大损失的易燃易爆危险物品、剧毒品、锅炉、压力容器、起重设备、运输设备、电气设备、冲压机械、高处作业和本企业易发生工伤、火灾、爆炸等事故的设备、工种、场所及其作业人员；易造成职业中毒或职业病的尘毒产生点及其岗位作业人员；直接管理的重要危险点和有害点的部门及其负责人。

对非矿山企业，目前国家有关规定要求强制性检查的项目有锅炉、压力容器、压力管道、起重机、电梯、自动扶梯、施工升降机、简易升降机、防爆电器、厂内机动车辆等；作业场所的粉尘、噪声、振动、辐射、高温低温和有毒物质的浓度等。

2. 建筑企业安全检查重点内容

（1）施工准备阶段的重点检查内容

1）如施工区域内有地下电缆、水管或防空洞等，要指令专人进行妥善处理。

2）现场内或施工区域附近有高压架空线时，要在施工组织设计中采取相应的技术措施，确保施工安全。

3）施工现场如临近居民住宅或交通要道，要充分考虑施工扰民、妨碍交通、发生安全事故的各种可能因素，以确保人员安全。对有可能发生的危险隐患，要有相应的防护措施，如搭设过街、民房防护棚，以及施工中作业层的全封闭措施等。

4）在现场内设金属加工、混凝土搅拌站时，要尽量远离居民区及交通要道，防止施工中噪声干扰居民正常生活。

（2）基础施工阶段的重点检查内容

1）土方施工前，检查是否有针对性的安全技术交底并督促执行。

2）在雨期或地下水位较高的区域施工时，是否有排水、挡水和降水措施。

3）根据组织设计中的放坡比例，检查是否有支护措施或护坡桩。

4）深基础施工阶段，检查作业人员工作环境和通风是否良好。

5）工作位置距基础 2 m 以下时，检查是否有基础周边防护措施。

（3）结构施工阶段的重点检查内容

1）做好对外脚手架的安全检查与验收，预防高处坠落和防物体打击。

2）做好对“三宝”等安全防护用品（安全帽、安全带、安全网、绝缘手套、防护鞋等）的使用检查与验收。

3）做好对孔、洞口（楼梯口、预留洞口、电梯井口、管道井口、首层出入口等）的安全检查与验收。

4）做好对临边（阳台边、屋面周边、结构楼层周边、雨篷与挑檐边、水箱与水塔周边、斜道两侧边、卸料平台外侧边、梯段边）的安全检查与验收。

5）做好对机械设备操作人员的教育，要求其持证上岗，对所有设备进行检查与验收。

6）做好对材料，特别是大模板存放和吊装使用的安全检查与验收。

7）做好对施工人员上下通道的安全检查与验收。

8）对一些特殊结构工程，如钢结构吊装、大型梁架吊装以及特殊危险作业，要对施工方案、安全措施和技术交底进行检查与验收。

（4）装修施工阶段的重点检查内容

1）对外装修脚手架、吊篮、桥式架子的保险装置、防护措施在投入使用前进行检查与验收，日常期间要进行安全检查。

2）室内管线洞口防护设施。

3）室内使用的单梯、双梯、高凳等工具及使用人员的安全技术交底。

4）内装修使用的架子搭设和防护。

5）内装修作业所使用的各种染料、涂料和胶黏合剂是否挥发有毒气体。

6）多工种的交叉作业。

（5）竣工收尾阶段的重点检查内容

1）外装修脚手架的拆除。

2）现场清理工作。

[**事故案例**]

某建筑施工企业没有现场安全生产管理人员。该企业在某项工程施工过程中，甲班队长在指挥组装吊塔时，没有严格按规定把塔吊吊臂的防滑板装入燕尾槽中并用螺栓固定，而是用电焊将防滑板焊住。某日甲班作业过程中发生吊臂防滑板开焊、吊臂折断脱落事故，造成3人死亡，1人重伤，直接经济损失300多万元。

设备安装和管理不到位是事故发生的直接原因。吊塔安装应该严格按规定进行，不能留下事故隐患；安全检查人员应定期对设备进行安全检查，发现问题及时整改；工人操作设备前应认真检查设备状况，存在严重隐患的设备应停止使用。

三、安全检查的程序

安全检查一般包括以下几个步骤。

1. 安全检查准备

（1）确定检查的对象、目的、任务。

（2）查阅、掌握有关法规、标准、规程的要求。

（3）了解检查对象的工艺流程、生产情况及可能出现危险、危害的情况。

（4）制订检查计划，安排检查内容、方法、步骤。

（5）编写安全检查表或检查提纲。

（6）准备必要的检测工具、仪器、书写表格或记录本。

（7）挑选和训练检查人员并进行必要的分工等。

2．实施安全检查

实施安全检查就是通过访谈、查阅文件和记录、现场观察、仪器测量的方式获取信息的过程。

（1）访谈。通过与有关人员谈话来查安全意识、查规章制度的执行情况等。

（2）查阅文件和记录。检查设计文件、作业规程、安全措施、责任制度、操作规程等是否齐全，是否有效；查阅相应记录，判断上述文件是否被执行。

（3）现场观察。对作业现场的生产设备、安全防护设施、作业环境、人员操作等进行观察，寻找不安全因素、事故隐患、事故征兆等。

（4）仪器测量。利用一定的检测检验仪器设备，对在用的设施、设备、器材状况及作业环境条件等进行测量，以发现隐患。

3．通过分析作出判断

掌握情况之后，要进行分析、判断和验证。可凭经验、技能进行分析，作出判断，必要时需对所作判断进行验证，以保证得出正确结论。

4．提出整改要求

作出判断后，应针对存在的问题作出采取措施的决定，即提出隐患整改意见和要求，包括要求进行信息的反馈。

5．整改落实

存在隐患的单位必须按照检查组（人员）提出的隐患整改意见和要求落实整改。检查组（人员）对整改落实情况进行复查，获得整改效果的信息。

四、安全检查表

为使检查工作更加规范，将个人的行为对检查结果的影响减少到最小，常采用预先编制的安全检查表进行检查。安全检查表根据检查和分析的目的与对象不同，可分为：设计审查、施工验收用的安全检查表，厂（矿、公司）级用安全检查表，车间（区、队）用安全检查表，生产工序或岗位的安全检查表，专门（项）安全检查表。

1. 安全检查表的编制依据

安全检查表应列举需要查明的所有可能会导致事故的不安全因素，其主要编制依据有：

（1）有关标准、规程、规范及规定。

（2）国内外事故案例及本单位在安全管理及生产中的有关经验。

（3）通过系统分析确定的危险部位及防范措施。

（4）新知识、新成果、新方法、新技术、新法规和新标准。

2. 安全检查表的基本内容

安全检查表没有固定的格式，可以根据检查的内容和要求有所不同，但一般应有以下几项内容：

（1）序号。根据要求统一编号。

（2）项目名称。如子系统、车间、工段、设备等。

（3）检查内容。在修辞上可用直接陈述句，也可用疑问句。

（4）检查结果。即问题回答栏，可以根据检查内容回答是（√）或否（×），也可以采用打分的形式。

（5）备注栏。可注明建议改进措施或情况反馈等事项。

（6）检查时间和检查者。

为了使检查表进一步具体化，还可以根据实际情况和需要增添栏目，如将各检查项目的标准或参考标准列出，或对各个项目的重要程度做出标记等。

表3—2为建筑施工企业安全检查表的示例。

表3—2　　某建筑施工企业安全检查表

被查对象（盖章/签名）：　　联系电话：

单位地址：　　检查日期：　年　月　日

编号	检查项目	检查内容	检查结果（√/×）	备注
1	施工管理	（1）施工单位具备资质，手续合法齐全 （2）施工现场布置合理，危险作业有安全措施和负责人 （3）现场有安全值班人员		
2	施工人员	（1）施工前，施工单位对参加施工的人员进行了安全教育 （2）作业人员穿戴好安全保护用品，会正确使用防护用品 （3）从事焊接、起重、电工等特殊工种作业人员持证上岗 （4）没有任意拆除和挪动各种防护装置、设施、标志 （5）在禁止烟火的区域动火执行动火审批制度		

续表

编号	检查项目	检查内容	检查结果（√/×）	备注
3	场地	（1）材料和设施堆放整齐、稳固，不乱堆乱放 （2）脚手架搭设符合规范要求 （3）没有使用有腐蚀、机械损伤的木板或铁木混合板作为脚手板 （4）安全网立网与平网有永久性标志（产品标志、制造厂家、编号、许可证编号等），使用安全网时要张挺，不留有缺口 （5）在坑、槽、井、沟的边缘，不准安放机械、铺设轨道及通行车辆 （6）露天场地夏季设有防暑降温凉棚，冬季设有取暖棚 （7）尘毒作业有防护措施 （8）排水良好，场地有无积水		
4	危险区域	（1）深沟、边坡、临空面、临水面边缘有栏杆或明显警告标志 （2）孔、井口等加盖或围栏，或有明显标志 （3）多层作业有隔离防护设施和专人监护 （4）登高作业正确佩戴、使用安全带，工具、材料、零件等要装入工具袋，上下时手中不能持物		

续表

编号	检查项目	检查内容	检查结果（√/×）	备注
5	道路	（1）通道、桥梁、扶梯牢固，临空面有扶手栏杆 （2）横跨路面的电线、设施不影响施工、器材和人员通过 （3）倒料、出渣地段平坦、临空边缘有车挡 （4）危险地段有明显的警告标志和防护设施		
6	机电设备	（1）施工前须对设备、工具、器具进行检查，设备不准带病使用 （2）施工机械设备运行状态良好，技术指标清楚，制动装置可靠 （3）承担建筑起重机械设备安装的企业，要具备相应的起重机械安装工程专业承包资质 （4）建筑起重机械的安全防护装置定期检验检查，定期维护保养 （5）裸露的传动部位有防护装置 （6）大型机械四周和行走、升降、转动的构件有明显颜色标志 （7）作业空间与高压线保持足够安全距离 （8）高压电缆与建筑物，施工设备有一定的安全距离 （9）临时用电线路布置合理，没有乱拉乱接 （10）起重、挖掘机等作业空间内，没有高压线		

续表

编号	检查项目	检查内容	检查结果（√/×）	备注
6	机电设备	（11）吊装作业现场的吊绳索、缆风绳、拖拉绳应与带电线路保持安全距离 （12）不准利用管道、管架、电杆、机电设备等做吊装锚点 （13）变压器周围设有围栏，高度大于1.7 m并悬挂警告牌 （14）配电箱每个回路设有漏电开关，外壳设接地保护，有防雨措施 （15）施工现场夜间设置临时照明电线及灯具时，其高度应高于2.5 m （16）在接近带电体条件下作业时，要落实防触电措施		
7	易燃易爆场所	（1）施工区域不准设炸药库、油库 （2）氧气瓶、电石桶、乙炔瓶等单独存放在安全地带，远离火源10 m以上 （3）易燃、易爆物品使用的区域内，禁止烟火		
8	临时工棚	（1）基础稳定，房屋牢固 （2）有可靠的防火措施		
9	其他			

检查单位：　　　　　　　　　　　　　　　　检查人员：

五、事故隐患排查

1. 隐患的定义与分类

《安全生产事故隐患排查治理暂行规定》（安监总局令第16号）指出，安全生产事故隐患是指生产经营单位违反安全生产法律、法规、规章、标准、规程和安全生产管理制度的规定，或者因其他因素在生产经营活动中存在可能导致事故发生物的危险状态、人的不安全行为和管理上的缺陷。

事故隐患分为一般事故隐患和重大事故隐患。一般事故隐患，是指危害和整改难度较小，发现后能够立即整改排除的隐患。重大事故隐患，是指危害和整改难度较大，应当全部或者局部停产停业，并经过一定时间整改治理方能排除的隐患，或者因外部因素影响致使生产经营单位自身难以排除的隐患。

综合事故性质分类和行业分类，考虑事故起因，可将事故隐患归纳为21类，即火灾、爆炸、中毒和窒息、水害、坍塌、滑坡、泄漏、腐蚀、触电、坠落、机械伤害、煤与瓦斯突出、公路设施伤害、公路车辆伤害、铁路设施伤害、铁路车辆伤害、水上运输伤害、港口码头伤害、空中运输伤害、航空港伤害、其他类隐患。

2. 建筑企业事故隐患排查的内容

（1）建筑施工安全法规、标准、规范和规章制度的贯彻执行。

（2）建设工程各方主体特别是建设单位、施工单位和工程监理单位的安全生产责任制的建立和落实。

（3）安全生产费用的提取和使用。

（4）危险性较大工程安全专项方案的制订、论证和执行落实。

（5）安全教育培训，特别是“三类人员”（建筑施工企业主要负责人、项目负责人和专职安全生产管理人员）、特种作业人员和生产一线职工（包括农民工）的教育培训。

（6）应急救援预案的制定、演练及有关物资、设备配备和维护。

（7）建筑施工企业、项目和班组的安全检查及整改落实。

（8）事故报告和处理，对有关责任单位和责任人的追究和处理等。

六、事故隐患治理

1. 事故隐患治理的要求

生产经营单位是事故隐患排查、治理和防控的责任主体。《安全生产事故隐患排查治理暂行规定》第四条明确规定："生产经营单位应当建立健全事故隐患排查治理制度。生产经营单位主要负责人对本单位事故隐患排查治理工作全面负责。"

对排查出的事故隐患，应当按照事故隐患的等级进行登记，建立事故隐患信息档案，并按照职责分工实施监控治理。对于一般事故隐患，由生产经营单位（车间、分厂、区队等）负责人或者有关人员立即组织整改。对于重大事故隐患，由生产经营单位主要负责人组织制订并实施事故隐患治理方案。重大事故隐患治理方案应当包括以下内容：治理的目标和任务，采取的方法和措施，经费和物资的落实，负责治理的机构和人员，治理的时限和要求，安全措施和应急预案。

2. 建筑施工企业事故隐患治理的程序

（1）当发现工程施工事故隐患时，应先判断其严重程度，并要求施工单位进行整改，施工单位提出的整改方案，必要时应经设计单位认可。事故隐患处理结果应进行检查、验收。

（2）当发现严重事故隐患时，应指令施工单位暂时停止施工，必要时应要求施工单位采取安全防护措施，并报建设单位。同时要求施工单位提出整改方案，必要时应经设计单位认可，整改方案经评审后，施工单位可进行整改处理，处理结果应重新进行检查、验收。

（3）施工单位发现事故隐患后，应立即进行事故隐患调查、分析原因，制定纠正和预防措施，制订事故隐患整改处理方案。

（4）分析事故隐患整改处理方案。对事故隐患整改处理方案进行认真深入的分析，特别是事故隐患原因分析，找出事故隐患的真正起源点。必要时，可组织设计单位、施工单位、供应单位和建设单位各方共同参加分析。

（5）在原因分析的基础上，审核签认事故隐患整改处理方案。

（6）施工单位按审定的整改处理方案实施处理并进行跟踪检查。

（7）事故隐患整改处理完毕，施工单位应组织人员检查验收，自检合格后报请有关部门组织有关人员对整改处理结果进行严格的检查、验收。施工单位写出事故隐患处理报告。

[**事故案例**]

2011 年 10 月 8 日 13 时 40 分左右，大连市旅顺口区蓝湾三期住宅楼工程在地下车库浇筑施工过程中，发生模板坍塌事故，造成 13 人死亡、4 人重伤、1 人轻伤，直接经济损失 1 237.72 万元。

2011 年 10 月 8 日 7 时左右，大连阿尔滨集团有限公司一分公司木工班班长郭某某安排木工宁某某等 5 名工人，在模板下检查模板和堵漏工作。同时，混凝土班班长韩某某带领 21 名工人在模板上进行混凝土浇筑施工。上午 10 时 30 分左右，有人发现浇筑区北侧剪力墙底部模板拉结螺栓被拉断，发生胀模，混凝土外流。韩某某带领力工张某某等 8 人，会同已经在胀模处的 5 名木工班工人，共同清理混凝土和修复胀模。随后，任某某打电话找来杨某某等 6 人一起参与地下室剪力墙的清理和修复工作。为修缮胀模模板，清运混凝土，韩某某等人在模板支架间从胀模处向东，清理出两条可以通过独轮手推车的通道，拆除了支撑体系中的部分杆件，使用独轮手推车外运泄漏的混凝土。与此同时，模板上部继续进行混凝土浇筑施工，13 时 40 分左右，当混凝土浇筑完成约 400 m^2 时，顶板混凝土瞬间整体坍塌，钢筋网下陷，正在地下室进行修复工作的 19 名工人中，有 18 人瞬间被支架和混凝土掩埋。

事故发生后，现场自救人员在第一时间救出 2 人，专业救援队伍接警后 12 min 到达现场。至 10 月 10 日 4 时 45 分，搜救出全部 13 名遇难者和 5 名受伤人员。

事故的直接原因是：由于浇筑剪力墙时发生胀模，现场工人为修复剪力墙胀模，清运泄漏混凝土，随意拆除支架体系中的部分杆件，使模板支架的整体稳定性和承载力大大降低。在修缮模板和清运混凝土过程中，没有停止混凝土浇筑作业，在混凝土浇筑和振捣等荷载作用下，支架体系承受不住上部荷载而失稳，导致整个新浇筑的地下室顶板坍塌。

事故的间接原因如下：

（1）施工现场安全管理混乱，违章指挥，违章作业。

（2）大连阿尔滨集团一分公司蓝湾三期项目部负责人和安全管理人员工作严重失职。未设置专职安全员，兼职安全员不能认真履行安全员职责，对施工现场监督检查不到位，未能及时发现施工现场存在的安全隐患。是造成这起事故的重要原因。

（3）大连阿尔滨集团公司未建立建筑施工企业负责人及项目负

责人施工现场带班制度；对公司所属项目部监督检查不力。

（4）大连辽贸建设监理有限公司对施工项目监督检查不力，未能及时发现和制止施工现场存在的安全隐患。

（5）建设行政主管部门监督检查不到位，对施工现场事故隐患排查治理不力，未能及时消除事故隐患。

第六节　事故管理与工伤保险

一、事故管理的概念

事故管理是指对事故的处理与预防的一系列管理活动，包括事故的报告、调查、分析、处理、统计、档案管理和预防等。

事故管理是安全管理的一项非常重要的工作，搞好事故管理对提高企业安全管理水平，防止重复性事故发生，具有非常重要的作用。事故管理的目的是在对事故调查、分析的基础上，掌握事故的发生过程、原因及规律，寻求有效的预防对策。

搞好事故管理工作，有助于对企业安全生产状况作出客观、准确的评价，实现安全生产目标管理，对企业职工进行实际、生动的安全教育，以及有效地开展事故预测、控制和预防工作，减少和杜绝事故，保障安全生产。

二、事故的分类

事故的分类方法很多，可按事故的属性、事故类别、伤害程度等进行分类。根据《企业职工伤亡事故分类》标准（GB 6441—1986），事故分为以下 20 类：

（1）物体打击。指物体在重力或其他外力的作用下产生运动，打击人体，造成人身伤亡事故，不包括因机械设备、车辆、起重机械、坍塌等引发的物体打击。

（2）车辆伤害。指企业机动车辆在行驶中引起的人体坠落和物体倒塌、下落、挤压伤亡事故，不包括起重设备提升、牵引车辆和车辆停驶时发生的事故。

（3）机械伤害。指机械设备运动（静止）部件、工具、加工件直接与人体接触引起的夹击、碰撞、剪切、卷人、绞、碾、割、刺等伤害，不包括车辆、起重机械引起的机械伤害。

（4）起重伤害。指各种起重作业（包括起重机安装、检修、试验）中发生的挤压、坠落、（吊具、吊重）物体打击和触电。

（5）触电伤害。电流流经人体，造成生理伤害的事故，包括雷击伤亡事故。

（6）淹溺。因大量水经口、鼻进入肺内，造成呼吸道阻塞，发生急性缺氧而窒息死亡的事故。包括高处坠落淹溺，不包括矿山、井下透水淹溺。

（7）灼烫。指火焰烧伤、高温物体烫伤、化学灼伤（酸、碱、盐、有机物引起的体内外灼伤）、物理灼伤（光、放射性物质引起的体内外灼伤），不包括电灼伤和火灾引起的烧伤。

（8）火灾。指造成人身伤亡的企业火灾事故。

（9）高空坠落。指在高处作业中发生坠落造成的伤亡事故，不包括触电坠落事故。

（10）坍塌。指物体在外力或重力作用下，超过自身的强度极限或因结构稳定性破坏而造成的事故，如挖沟时的土石塌方、脚手架坍塌、堆置物倒塌等，不适用于矿山冒顶片帮和车辆、起重机械、爆破引起的坍塌。

（11）冒顶片帮。这类事故适用于矿山、地下开采、掘进及其他坑道作业发生的坍塌事故。

（12）透水。矿山、地下开采或其他坑道作业时，意外水源带来的伤亡事故，不适用于地面水害事故。

（13）放炮。施工时由于放炮作业造成的伤亡事故。

（14）火药爆炸。指火药、炸药及其制品在生产、加工、运输、储存中发生的爆炸事故。

（15）瓦斯爆炸。可燃性气体瓦斯、煤尘与空气混合形成了浓度达到燃烧极限的混合物，接触点火源而引起的化学性爆炸事故。

（16）锅炉爆炸。各种锅炉的物理性爆炸事故。

（17）容器爆炸。盛装气体或液体，承载一定压力的密闭设备发生的爆炸事故。

（18）其他爆炸。不属于瓦斯爆炸、锅炉爆炸和容器爆炸的爆炸。

（19）中毒和窒息。中毒指人接触有毒物质，出现的各种生理现象的总称；窒息指因为氧气缺乏，发生的晕倒甚至死亡的事故。

（20）其他伤害。凡不属于上述伤害的事故均称为其他伤害。

[相关知识]

《生产安全事故报告和调查处理条例》规定，根据生产安全事故（以下简称事故）造成的人员伤亡或者直接经济损失，事故一般分为以下等级：

（1）特别重大事故。指造成30人以上死亡，或者100人以上重伤（包括急性工业中毒，下同），或者1亿元以上直接经济损失的事故。

（2）重大事故。指造成 10 人以上 30 人以下死亡，或者 50 人以上 100 人以下重伤，或者 5 000 万元以上 1 亿元以下直接经济损失的事故。

（3）较大事故。指造成 3 人以上 10 人以下死亡，或者 10 人以上 50 人以下重伤，或者 1 000 万元以上 5 000 万元以下直接经济损失的事故。

（4）一般事故。指造成 3 人以下死亡，或者 10 人以下重伤，或者 1 000 万元以下直接经济损失的事故。

该分级所称的“以上”包括本数，所称的“以下”不包括本数。

三、事故预防应遵循的原则

1. 事故是可以预防的

除自然灾害造成的事故无法采取主动的防范措施，以及某些事故原因在技术上还未有有效控制措施外，其余事故都可以通过消除原因来控制事故发生。因此，通过分析事故发生的原因和过程，研究防止事故发生的理论及对策，是可以防止事故发生，减少损失的。

2. 防患于未然

预防事故的积极有效的办法是防患于未然，即采用“事先型”解决问题的方法，将事故隐患、不安全因素消除在潜伏、孕育阶段，这是防止事故的根本出发点。

3. 根除事故原因

引起事故的原因是多方面的，而原因之间又有其因果关系，事故预防就是要从事故的直接原因着手，分析引起事故的最本质的原因。只有消除这些最根本的原因，才能消除事故的所有原因，才能根除事故。

4. 全面治理

消除事故隐患，根除事故的最基本原因，应遵循全面治理的原则。即在安全技术、安全教育、安全管理等方面，对物的不安全状态（包括护具的不安全条件）、人的不安全行为、管理的不安全因素进行治理和消除，从而达到对事故原因的多方位控制的目的。

［**事故案例**］

2013 年10 月12 日10 时30 分许，重庆丰都长江二桥在建项目施工工地4 号桥墩，因浮吊悬臂脱落冲击钢围堰，致使钢围堰整体断裂向上游倾覆，造成在围堰中作业的10 名工人和岸边1 名群众遇难，2 人受伤。

这起事故的原因是：围堰结构与构造不合理，围堰结构应力超限、稳定性安全储备不足，在水压力作用下，钢围堰在隔舱混凝土顶部位置突发断裂。此外，分部分项工程的程序规定存在严重缺陷，监理环节严重违反工程建设的有关规定也是造成事故的重要原因。

四、工伤保险的概念和原则

1. 工伤保险的概念

工伤保险是指劳动者在工作中或在规定的特殊情况下，遭受意外伤害或患职业病导致暂时或永久丧失劳动能力以及死亡时，劳动者或其遗属从国家和社会获得物质帮助的一种社会保险制度。

工伤保险是通过社会统筹的办法，集中用人单位缴纳的工伤保险费，建立工伤保险基金，对劳动者在生产经营活动中遭受意外伤害或职业病，并由此造成死亡、暂时或永久丧失劳动能力时，给予劳动者及其实用性法定的医疗救治以及必要的经济补偿的一种社会保障制度。这种补偿既包括医疗、康复所需费用，也包括保障基本生活的费用。

2. 工伤保险的原则

工伤保险遵循十个原则：无责任补偿（无过失补偿）原则；国家立法、强制实施原则；风险分担、互助互济原则；个人不缴费原则；区别因工与非因工原则；经济赔偿与事故预防、职业病防治相结合原则；一次性补偿与长期补偿相结合原则；确定伤残和职业病等级原则；区别直接经济损失与间接经济损失原则；集中管理原则。

五、工伤认定和劳动能力鉴定

1. 工伤认定的范围

《工伤保险条例》对工伤认定作出了明确规定。

（1）职工有下列情形之一的，应当认定为工伤：

1）在工作时间和工作场所内，因工作原因受到事故伤害的。

2）工作时间前后在工作场所内，从事与工作有关的预备性或者收尾性工作受到事故伤害的。

3）在工作时间和工作场所内，因履行工作职责受到暴力等意外伤害的。

4）患职业病的。

5）因工外出期间，由于工作原因受到伤害或者发生事故下落不明的。

6）在上下班途中，受到非本人主要责任的交通事故或者城市轨道交通、客运轮渡、火车事故伤害的。

7）法律、行政法规规定应当认定为工伤的其他情形。

（2）职工有下列情形之一的，视同工伤：

1）在工作时间和工作岗位，突发疾病死亡或者在48 h之内抢救无效死亡的。

2）在抢险救灾等维护国家利益、公共利益活动中受到伤害的。

3）职工原在军队服役，因战、因公负伤致残，已取得革命伤残军人证，到用人单位后旧伤复发的。

(3) 职工有下列情形之一的，不得认定为工伤或者视同工伤：

1）故意犯罪的。

2）醉酒或者吸毒的。

3）自残或者自杀的。

2. 工伤认定的程序

职工发生事故伤害或者按照职业病防治法规定被诊断、鉴定为职业病，所在单位应当自事故伤害发生之日或者被诊断、鉴定为职业病之日起30日内，向统筹地区社会保险行政部门提出工伤认定申请。遇有特殊情况，经报社会保险行政部门同意，申请时限可以适当延长。

用人单位未按规定提出工伤认定申请的，工伤职工或者其近亲属、工会组织在事故伤害发生之日或者被诊断、鉴定为职业病之日起1年内，可以直接向用人单位所在地统筹地区社会保险行政部门提出工伤认定申请。

提出工伤认定申请，应当提交工伤认定申请表、与用人单位存在劳动关系（包括事实劳动关系）的证明材料、医疗诊断证明或者职业病诊断证明（鉴定）书等材料。

社会保险行政部门应当自受理工伤认定申请之日起60日内作出工伤认定的决定，并书面通知申请工伤认定的职工或者其近亲属和该职工所在单位。社会保险行政部门对受理的事实清楚、权利义务明确的工伤认定申请，应当在15日内作出工伤认定的决定。

［**事故案例**］

吴某原是丽水市某公司工人，在该公司整表车间检油表岗位工作。2005年2月28日，吴某在上班期间见同车间班组的铆上盖岗位人手紧张，影响到自己岗位的流程操作，遂前去帮忙。在帮忙过程中，因吴某操作不当，其右手被机器压伤致残。市劳动社会保障局认定其为工伤，但其所属公司不服，向法院提出诉讼。

公司认为，事发当天，吴某未经公司和车间管理人员的指派和许可，擅自到铆上盖岗位开机操作而导致受伤。因其受伤并非在本职岗位上，又未经公司临时指派，故不符合工伤认定条件。而市劳动社会保障局认为，吴某在上班时间、工伤场所，因工作原因受伤，且不属于蓄意违章等排除工伤认定的情形，符合工伤认定条件。

法院经审理认定，吴某受伤符合工伤认定的3个基本要素，即在工作时间、工作区域和因工作原因致伤。故法院判决，维持市劳动社会保障局对吴某的工伤认定。

3．劳动能力鉴定

职工发生工伤，经治疗伤情相对稳定后存在残疾、影响劳动能力的，应当进行劳动能力鉴定。

劳动能力鉴定是指劳动功能障碍程度和生活自理障碍程度的等级鉴定。劳动功能障碍分为十个伤残等级，最重的为一级，最轻的为十级。生活自理障碍分为三个等级：生活完全不能自理、生活大部分不能自理和生活部分不能自理。

劳动能力鉴定由用人单位、工伤职工或者其近亲属向设区的市级劳动能力鉴定委员会提出申请，并提供工伤认定决定和职工工伤医疗的有关资料。设区的市级劳动能力鉴定委员会应当自收到劳动能力鉴定申请之日起60日内作出劳动能力鉴定结论，必要时，作出劳动能力鉴定结论的期限可以延长30日。劳动能力鉴定结论应当及时送达申请鉴定的单位和个人。自劳动能力鉴定结论作出之日起1年后，工伤职工或者其近亲属、所在单位或者经办机构认为伤残情况发生变化的，可以申请劳动能力复查鉴定。

六、工伤保险待遇

职工因工作遭受事故伤害或者患职业病进行治疗，享受工伤医疗待遇。职工治疗工伤应当在签订服务协议的医疗机构就医，情况紧急时可以先到就近的医疗机构急救。

治疗工伤所需费用符合工伤保险诊疗项目目录、工伤保险药品目录、工伤保险住院服务标准的，从工伤保险基金支付。职工住院治疗工伤的伙食补助费，以及经医疗机构出具证明，报经办机构同意，工伤职工到统筹地区以外就医所需的交通、食宿费用从工伤保险基金支付，基金支付的具体标准由统筹地区人民政府规定。工伤职工到签订服务协议的医疗机构进行工伤康复的费用，符合规定的，从工伤保险基金支付。

工伤职工因日常生活或者就业需要，经劳动能力鉴定委员会确认，可以安装假肢、矫形器、假眼、假牙和配置轮椅等辅助器具，所需费用按照国家规定的标准从工伤保险基金支付。

职工因工作遭受事故伤害或者患职业病需要暂停工作接受工伤医疗的，在停工留薪期内，原工资福利待遇不变，由所在单位按月支付。停工留薪期一般不超过12个月。伤情严重或者情况特殊，经设区的市级劳动能力鉴定委员会确认，可以适当延长，但延长不得超过12个月。工伤职工评定伤残等级后，停发原待遇，按照有关规定享受伤残待遇。工伤职工在停工留薪期满后仍需治疗的，继续享受工伤医疗待遇。

生活不能自理的工伤职工在停工留薪期需要护理的，由所在单位负责。工伤职工已经评定伤残等级并经劳动能力鉴定委员会确认需要生活护理的，从工伤保险基金按月支付生活护理费。

第七节　劳动防护用品管理

一、劳动防护用品的分类

劳动防护用品是指由用人单位为劳动者配备的，使其在劳动过程中免遭或者减轻事故伤害及职业病危害的个体防护装备。劳动防护用品供劳动者个人随身使用，是保护劳动者不受职业危害的最后一道防线。

劳动防护用品的种类很多，可以分为十大类。

（1）头部防护用品。主要有一般防护帽、防尘帽、防水帽、防寒帽、安全帽、防静电帽、防高温帽、防电磁辐射帽、防昆虫帽等。

（2）呼吸防护用品。按防护功能主要分为防尘口罩和防毒口罩（面罩），按形式又可分为过滤式和隔离式两类。

（3）眼面部防护用品。主要有防尘、防水、防冲击、防高温、防电磁辐射、防射线、防化学飞溅、防风沙、防强光等防护用品。

（4）听力防护用品。主要有耳塞、耳罩和防噪声头盔。

（5）手部防护用品。主要有一般防护手套、防水手套、防寒手套、防毒手套、防静电手套、防高温手套、防 X 射线手套、防酸碱手套、防油手套、防振手套、防切割手套、绝缘手套等。

（6）足部防护用品。主要有防尘鞋、防水鞋、防寒鞋、防静电鞋、防酸碱鞋、防油鞋、防烫脚鞋、防滑鞋、防刺穿鞋、电绝缘鞋、防振鞋等。

（7）躯干防护用品。主要有一般防护服、防水服、防寒服、防砸背心、防毒服、阻燃服、防静电服、防高温服、防电磁辐射服、耐酸碱服、防油服、水上救生衣、防昆虫服、防风沙服等。

（8）护肤用品。主要有防毒、防腐、防射线、防油漆等不同功能的护肤用品。

（9）坠落防护用品。主要有安全带、安全绳等。

（10）其他劳动防护用品。

二、劳动防护用品的配备要求

为了加强用人单位劳动防护用品的管理，保护劳动者的生命安全和职业健康，依照《安全生产法》《职业病防治法》等法律、行政法规和规章，国家安全监管总局于 2015 年 12 月 29 日发布了《用人单位劳动防护用品管理规范》。

劳动防护用品的配备要求主要有：

（1）劳动防护用品是由用人单位提供的，保障劳动者安全与健康的辅助性、预防性措施，不得以劳动防护用品替代工程防护设施和其他技术、管理措施。

（2）用人单位应当安排专项经费用于配备劳动防护用品，不得以货币或者其他物品替代。该项经费计入生产成本，据实列支。

（3）用人单位应当为劳动者提供符合国家标准或者行业标准的

劳动防护用品。使用进口的劳动防护用品，其防护性能不得低于我国相关标准。鼓励用人单位购买、使用获得安全标志的劳动防护用品。

（4）用人单位使用的劳务派遣工、接纳的实习学生应当纳入本单位人员统一管理，并配备相应的劳动防护用品。对处于作业地点的其他外来人员，必须按照与进行作业的劳动者相同的标准，正确佩戴和使用劳动防护用品。

（5）用人单位应当根据劳动者工作场所中存在的危险、有害因素种类及危害程度、劳动环境条件、劳动防护用品有效使用时间制定适合本单位的劳动防护用品配备标准。

（6）用人单位应当按照劳动防护用品发放周期定期发放，对工作过程中损坏的，用人单位应及时更换。

（7）安全帽、呼吸器、绝缘手套等安全性能要求高、易损耗的劳动防护用品，应当按照有效防护功能最低指标和有效使用期，到期强制报废。

三、劳动防护用品的正确使用和维护

劳动者在作业过程中，应当按照规章制度和劳动防护用品使用规则，正确佩戴和使用劳动防护用品。使用劳动防护用品要注意的问题有：

（1）用人单位应按照识别、评价、选择的程序，结合劳动者作业方式和工作条件，并考虑其个人特点及劳动强度，选择防护功能和效果适用的劳动防护用品。

（2）用人单位应当督促劳动者在使用劳动防护用品前，对劳动防护用品进行检查，确保外观完好、部件齐全、功能正常。

（3）用人单位应当对劳动者进行劳动防护用品的使用、维护等专业知识的培训。

(4) 用人单位应当定期对劳动防护用品的使用情况进行检查，确保劳动者正确使用。

(5) 用人单位应当对应急劳动防护用品进行经常性的维护、检修，定期检测劳动防护用品的性能和效果，保证其完好有效。例如，耳塞、口罩、面罩等用后应用肥皂、清水洗净，并用药液消毒、晾干。过滤式呼吸防护器的滤料要定期更换，以防失效。防止皮肤污染的工作服用后应集中清洗。

[**事故案例**]

2010 年夏，安徽省某铁路货运场 3 名装卸工卸载危险化学品硫酸。按正常程序，他们先将槽车的上出料管与输送管法兰连接好，并对槽内加压。当压力达到要求后，硫酸仍没流出。随后他们采取放气减压打开槽口大盖进行检查，发现槽内出料管堵塞。于是 3 人将法兰拆开，用钢管插入出料管进行疏通。当出料管被捣通时，管内喷出白色泡沫状液体高达 3 m 多，溅到站在槽上的 3 人身上和面部。由于 3 人均没戴防护面罩，当时 3 人眼前一片漆黑，眼睛疼痛难忍，经用水清洗后送往医院，检查为碱伤害。经半年多的治疗，3 人视力均低于 4.3 (0.2) 不等，且泪腺受损。

该事故的主要原因是槽车清洗不到位。该硫酸槽之前用于盛装液碱，槽上出料管没有清洗到位，附着干枯的液碱堵塞在出料管下部，当被疏通后由于硫酸压力作用，使碱、反应盐水、酸等先后喷出。事故的另一原因是装卸工未按规定穿戴防护面罩。

四、建筑施工“安全三宝”的正确使用

1. 安全帽

安全帽是建筑工人保护头部，防止和减轻各种事故伤害，保证生命安全的重要个人防护用品。进入施工现场必须正确戴好安全帽。施工现场发生的伤亡事故，特别是物体打击和高处坠落事故表明：凡是正确戴好安全帽，就会减轻和避免事故的后果；如果未正确戴好安全帽，就会失去它保护头部的防护作用，使人受到严重伤害。

正确使用安全帽，必须做到以下四点：

（1）检查安全帽的外壳是否破损（如有破损，其分解和削弱外来冲击力的性能就已减弱或丧失，不可再用），有无合格帽衬（帽衬的作用是吸收和缓解冲击力，若无帽衬，则丧失了保护头部的功能），帽带是否完好。

（2）调整好帽衬顶端与帽壳内顶的间距（4～5 cm），调整好帽箍。

（3）安全帽必须戴正。如果戴歪了，一旦受到打击，就起不到减轻对头部冲击的作用。

（4）必须系紧下颌带，戴好安全帽。如果不系紧下颌带，一旦发生构件坠落打击事故，安全帽就容易掉下来，导致严重后果。现场作业中，切记不得将安全帽脱下搁置一旁，或当坐垫使用。

［**事故案例**］

某世纪广场工程，工人在桩内作业，同时有建筑施工单位交叉作业。塔吊在运送方砖时，从吊篮中掉出一块方砖，恰好掉入井内，砖的一角正击中井内作业人员的头后脑部，当时没有发现，后在检查施工作业情况时发现人员受伤。

原因分析：交叉作业的安全管理不到位，桩口未设人监护，出事后也未能及时发现。工人安全意识淡薄，由于正于夏季施工，天气炎热，施工工人未佩戴安全帽，未能有效防止伤害。

2. 安全网

安全网是用来防止人、物坠落，或用来避免、减轻坠落及物体打击伤害的网具。安全网一般由网体、边绳、系绳、筋绳、试验绳等组成。

安全网的使用应注意以下几点：

（1）根据使用目的正确选择网的类型，根据负载高度选择网的宽度，立网不能代替平网使用，而平网可代替立网使用。旧网重新使用前，应按《安全网》（GB 5725—2009）的规定全面进行检查，并签发允许使用证明方准使用。

（2）安装前必须对网及支杆、横杆、锚固点进行检查，确认无误后方可开始安装。

（3）建筑安全网以系结方便、连接牢固又易解开、受力后不会散脱为原则。多张建筑安全网连接使用时，相邻部分应紧靠或重叠。

（4）在输电线路四周安装时，必须先征得有关部门同意，并采取适当的防触电措施，否则不得安装。

（5）建筑安全网在使用中必须每周进行一次外观检查，及时清理杂物。

（6）当受到较大荷载冲击后，应更换新网或及时进行检查，看有无严重变形、磨损、断裂、连接部位脱落等，确认完好后方可继续使用。

[事故案例]

某工程建筑面积为16 950 m^2，建筑总高度为61.5 m，由某建筑公司总承包，另一建筑公司分包土建工程。2011 年 8 月 1 日，土建分包公司安排架工班搭设电梯井内的脚手架。该工程共有 4 部电梯，包括两部单体电梯井和两部联体电梯井，至 8 月 6 日完成两部单体电梯井脚手架后，开始搭设两部联体电梯井内的脚手架。8 月 7 日，3 名作业人员已将电梯井内脚手架搭设到了 8 层的高度，此时脚手管已用完，于是 3 人便去拆除 10 层高度处的安全平网，打算使用其脚手管继续搭脚手架。由于拆除安全网之前未进行仔细检查，未发现安全网东侧的固定点已被破坏，当 3 人踏上平网后，安全网即发生倾斜脱落，于是 3 人从已搭设的电梯井脚手架的空隙间坠落地面，全部死亡。

该事故的主要原因是施工方案失误，没有考虑作业中的不安全因素和预防措施。在审查施工方案时没有明确指出方案的缺陷，施工前又未进行现场调查和技术交底，没有预先发现事故隐患和告之作业人员危险及预防措施，而且没有按规定对独立悬空的危险作业配备安全带。

3．安全带

安全带是高处作业工人预防坠落伤亡事故的个人防护用品，被广大建筑工人誉为救命带。安全带是由带子、绳子和金属配件组成，总称安全带。

建筑施工中的攀登作业、独立悬空作业，如搭设脚手架，吊装混凝土构件、钢构件及设备等，都属于高处作业，操作人员都应系安全带。

安全带应选用符合标准要求的合格产品，在使用时要注意以下几点：

（1）安全带应高挂低用，防止摆动和碰撞。

（2）安全带上的各种部件不得任意拆掉。

（3）安全带使用两年以后，使用单位应按购进批量的大小，选择一定比例的数量作一次抽检。用 80 kg 的沙袋做自由落体试验，若未破断可继续使用，但抽检的样带应更换新的挂绳才能使用；若试验不合格，购进的这批安全带就应报废。

（4）安全带外观有破损或发现异味时，应立即更换。

（5）安全带使用 3 ~5 年应报废。

[事故案例]

某建筑公司承建的高层住宅区土建工程完工后，开始拆楼外脚手架。某工区架工班十几名架子工自上而下拆卸钢管结构的架杆，在此过程中多数工人都没有系安全带。一次移动位置时，架子工李某不慎失足，从 30 m 处坠落身亡。

这是一起明知故犯，违章冒险作业造成的事故。由于拆卸脚手架工作是在不停地移动换位中进行，每次换位都要重新拴挂安全带，很多工人嫌麻烦不系安全带，这是事故发生的直接原因。事故发生的间接原因是工地安全管理不到位，很多工人没有按规定系安全带却没有安全员出面制止。

五、安全色和安全标志

1. 安全色

《安全色》（GB 2893—2008）规定红、黄、蓝、绿四种颜色为安全色。红色表示禁止、停止；蓝色表示指令及必须遵守的规定；黄色表示警告、注意；绿色表示安全、提示。

2. 安全标志

安全标志是由安全色、几何图形和图形符号构成的，是用来表达特定安全信息的标志，分为禁止标志、警告标志、指令标志和提示标志。

禁止标志的含义是禁止人们的不安全行为。例如：

禁止吸烟

禁止跨越

禁止饮用

警告标志的含义是提醒人们对周围环境引起注意，以避免可能发生的危险。例如：

注意安全

当心火灾

当心触电

指令标志的含义是强制人们必须做出某种动作或采取防范措施。例如：

必须戴防尘口罩

必须戴安全帽

必须系安全带

提示标志的含义是向人们提供某种信息（如标明安全设施或场所等）。例如：

紧急出口

避难处

可动火区

［相关知识］

安全标志一般设在醒目的地方，人们看到后有足够的时间来注意它所表示的内容。不能设在门、窗、架子等可移动的物体上，因为这些物体位置移动后安全标志就起不到作用了。

［事故案例］

某市银行大厦建筑面积 21 000 m^2，共 18 层，框架结构，由该市某建筑工程公司承建。某年 10 月 12 日下午 15 时左右，该工地工人王某、李某、曹某 3 人在附房 5 楼拆除模板与脚手架。王某在拆除 5 楼东侧临边脚手下排架时，自己单独操作，不慎被钢管带动坠地，经抢救无效死亡。

该事故发生的直接原因有：2 楼无挑网防护，现场防护不到位；单人在 5 楼临边部位作业；操作人员未系安全带，无辅助人员配合操作。

该事故发生的间接原因有：现场管理不严，安全管理人员业务知识不强，工作不到位，操作人员缺少防护知识，冒险蛮干，安全技术交底针对性不强，安全生产责任制未真正落实，缺乏安全教育。

第八节　事故应急管理

一、应急救援的基本任务

事故应急救援是指通过事前计划和应急措施，在事故发生时采取的消除、减少事故危害和防止事故恶化，最大限度降低事故损失的措施。在生产过程中一旦发生事故，往往造成惨重的生命、财产损失和环境破坏。由于自然或人为、技术等原因，当事故或灾害不可能避免的时候，建立重大事故应急救援体系，组织及时有效的应急救援行动，已成为抵御事故风险或控制灾害蔓延、降低危害后果的关键，甚至是唯一手段。

事故应急救援的基本任务包括下述几个方面：

（1）立即组织营救受害人员，组织撤离或者采取其他措施保护危害区域内的其他人员。抢救受害人员是应急救援的首要任务。在应急救援行动中，快速、有序、有效地实施现场急救与安全转送伤员，是降低伤亡率、减少事故损失的关键。由于重大事故发生突然、扩散迅速、涉及范围广、危害大，应及时指导和组织群众采取各种措施进行自身防护，必要时迅速撤离出危险区或可能受到危害的区域。在撤离过程中，应积极组织群众开展自救和互救工作。

（2）迅速控制事态，并对事故造成的危害进行检测、监测，测定事故的危害区域、危害性质及危害程度。只有及时地控制住危险源，防止事故的继续扩展，才能及时有效地进行救援。

（3）消除危害后果，做好现场恢复。

（4）查清事故原因，评估危害程度。事故发生后应及时调查事故的发生原因和事故性质，评估出事故的危害范围和危险程度，总结救援工作中的经验和教训。

［事故案例］

2011 年 3 月 18 日 19 时许，山西省临汾市隰县境内中南铁路东川 1#隧道发生塌方事故，造成 6 人被困。

国家安全生产应急救援指挥中心接报后，立即联系事故现场，跟踪了解事故救援情况，同时派两位同志赶赴事故现场，指导事故救援工作。

事故发生后，现场立即启动了应急预案，成立了应急领导小组和现场抢险救援指挥部，以安全抢救人员为重点，安排人员、物资、设备立即投入抢险。具体抢险措施为：利用原高压风管持续对洞内进行通风，保证工作面有新鲜空气；对二衬前方变形段进行钢支撑加固；在坍塌体中打水平钻孔，快速形成通气孔，并探明前方情况；在坍塌体右侧施作1.2 m×1.2 m三角形小巷道，快速掘进，及早形成人员营救主通道；在坍塌体左侧施作1.2 m×1.5 m迂回巷道，作为救援第二通道；对隧道内初期支护及地表进行不间断监测，及时掌握变形情况，同时安排人员全程监控，一旦发现险情，即刻撤出人员，防止次生事故的发生。

经过全力抢险，至21日15时39分，成功营救出5名被困人员。至4月1日，救援工作结束，1人失踪。

二、应急管理过程

应急管理是一个动态的过程，体现了“预防为主，常备不懈”的应急思想，包括预防、准备、响应和恢复4个阶段。尽管在实际情况中这些阶段往往是交叉的，但每一阶段都有其明确的目标，而且每一阶段又是构筑在前一阶段的基础之上，因而预防、准备、响应和恢复的相互关联，构成了重大事故应急管理的循环过程。

(1) 预防。一是预防事故发生，实现本质安全；二是减少事故损失。从长远看，低成本、高效率的预防措施是减少事故损失的关键。

(2) 准备。指为有效应对突发事件而事先采取的各种措施的总称，包括应急机构的建立和职责落实、预案的编制、应急队伍的建设、应急设备（施）与物资的准备和维护、预案的演练、与外部应急力量的衔接等。

(3) 响应。指在事故发生后立即采取的应急与救援行动，包括事故的报警与通报、人员疏散、急救与医疗、消防和工程抢险措施、信息收集与应急决策和外部救援等。及时响应是应急管理的主要原则。应急响应是应对突发事件的关键阶段、实战阶段，考验政府和企业的应急处置能力。

(4) 恢复。恢复工作应在事故发生后立即进行，包括事故损失评估、原因调查、清理废墟等。恢复工作包括短期恢复和长期恢复。在短期恢复工作中，应注意避免出现新的突发事件。在长期恢复工作中，应吸取突发事件应急工作的经验教训，开展进一步的突发事件预防工作和减灾行动。

三、事故应急响应的程序

按响应过程来分，应急响应的程序包括接警与响应级别的确定、应急启动、救援行动、应急恢复和应急结束等几个过程，如图 3—1 所示。

(1) 接警与响应级别确定。接到事故报警后，按照工作程序，对警情做出判断，初步确定相应的响应级别。如果事故不足以启动应急救援体系的最低响应级别，响应关闭。

(2) 应急启动。应急响应级别确定后，按所确定的响应级别启动应急程序，如通知应急中心有关人员到位、开通信息与通信网络、通知调配救援所需的应急资源（包括应急队伍和物资、装备等）、成立现场指挥部等。

(3) 救援行动。有关应急队伍进入事故现场后，迅速开展事故侦测、警戒、疏散、人员救助、工程抢险等有关应急救援工作。专家组为救援决策提供建议和技术支持。当事态超出响应级别无法得到有效控制时，向应急中心请求实施更高级别的应急响应。

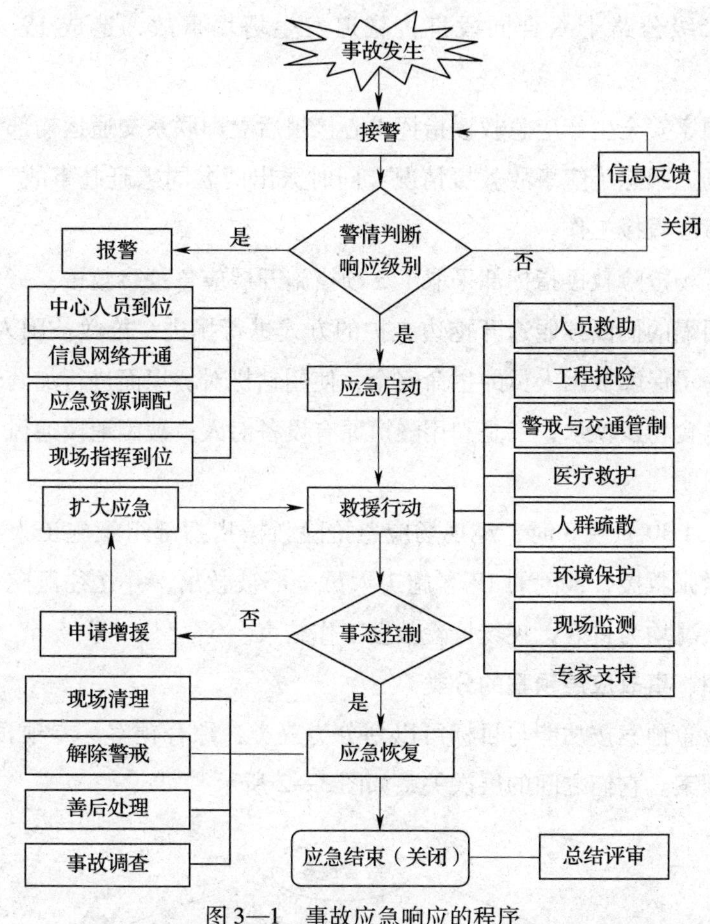

图 3—1　事故应急响应的程序

（4）应急恢复。救援行动结束后，进入临时应急恢复阶段。包括现场清理、人员清点和撤离、警戒解除、善后处理和事故调查等。

（5）应急结束。执行应急关闭程序，由事故总指挥宣布应急结束。

［事故案例］

2011 年 3 月 29 日 16 时，云南省迪庆藏族自治州国道 214 线香德二级公路十六合同段肯古隧道发生坍塌事故，造成 19 人被困。

国家安全生产应急救援指挥中心接报后立即联系交通运输部和事故现场，跟踪了解事故救援情况，同时派出两名同志赶赴事故现场，指导事故救援工作。

现场抢险救援指挥部采取了 3 项措施开展应急抢险救援：一是从事故坍塌的侧面按照边开挖边支护的方式进行掘进，抢救被困人员；二是为了保障被困人员的生命安全，使用钻机对坍塌面进行加套管钻孔输送食物及饮水；三是利用隧道原有设备对人员被困地段通风、送水和照明。

3 月 30 日晚 8 时，经现场应急抢险救援指挥部组织施工人员及部队紧张救援，被困的 19 名施工人员全部被救出，并送往医院，且身体状况均为良好，现场抢险救援工作结束。

四、事故应急预案的分类

应急预案按功能与目标可以划分为三类：综合预案、专项预案、现场预案。它们之间的层次关系如图 3—2 所示。

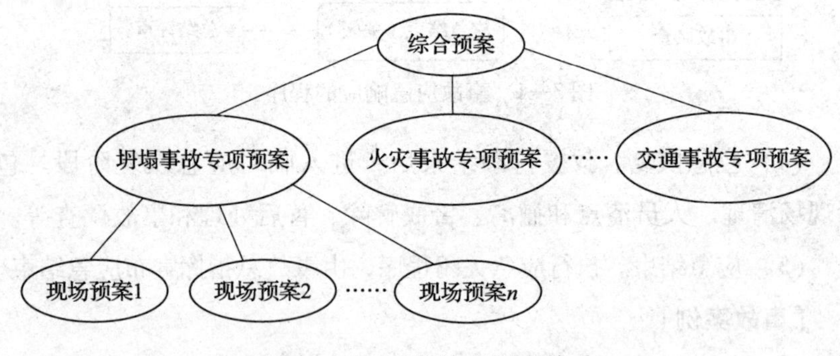

图 3—2　应急预案的层次关系

（1）综合预案。相当于总体预案，从总体上阐述应急预案的方针、政策、应急组织结构及相应的职责，应急行动的总体思路等。

（2）专项预案。专项预案是针对某种具体的、特定类型的事故而制定的。建设工程中常见的事故类型有高空坠落、坍塌、物体打击、机械伤害、触电等。因此建筑企业应制定的专项预案包括：

1）坍塌事故应急预案。

2）物体打击事故应急预案。

3）机械伤害事故应急预案。

4）触电事故应急预案。

5）高处坠落事故应急预案。

6）火灾事故应急预案。

7）环境污染事故应急预案。

8）施工中挖断水、电、通信光缆、煤气管道事故应急预案。

9）其他类型的事故应急预案。

（3）现场处置方案。现场处置方案是在专项预案的基础上，根据具体情况而编制的。是针对特定的具体场所，通常是该类型事故风险较大的场所、装置或重要防护区域等所制定的预案。现场处置方案的另一种特殊形式是单项预案，是针对高风险的建筑施工或临时活动中可能出现的紧急情况，预先对相关应急机构的职责、任务和预防性措施作出的安排。

五、应急预案的主要内容

根据《生产经营单位安全生产事故应急预案编制导则》（GB/T 29639—2013）规定，应急预案的主要内容如下。

1．综合应急预案的主要内容

（1）总则。

（2）事故风险描述。

（3）应急组织机构及职责。

（4）预警及信息报告。

（5）应急响应。

（6）信息公开。

（7）后期处置。

（8）保障措施。

（9）应急预案管理。

2．专项应急预案的主要内容

（1）事故风险分析。

（2）应急指挥机构及职责。

（3）处置程序。

（4）处置措施。

3．现场处置方案的主要内容

（1）事故风险分析。

（2）应急工作职责。

（3）应急处置。

（4）注意事项。

六、应急演练的类型

应急演练是指各级政府部门、企事业单位、社会团体，组织相关应急人员与群众，针对待定的突发事件假想情景，按照应急预案所规定的职责和程序，在特定的时间和地域，执行应急响应任务的训练活动。

根据应急演练的组织方式、演练内容和演练目的、作用等，可以对应急演练进行分类，目的是便于演练的组织管理和经验交流。

1. 按组织方式分类

应急演练按照组织方式及目标重点的不同，可以分为桌面演练和实战演练。

（1）桌面演练。桌面演练是一种圆桌讨论或演习活动，其目的是使各级应急部门、组织和个人明确和熟悉应急预案中所规定的职责和程序，提高协调配合及解决问题的能力。桌面演练的情景和问题通常以口头或书面叙述的方式呈现，也可以使用地图、沙盘、计算机模拟、视频会议等辅助手段。

（2）实战演练。实战演练是以现场实战操作的形式开展的演练活动。参演人员在贴近实际状况和高度紧张的环境下，根据演练情景的要求，通过实际操作完成应急响应任务，以检验和提高相关应急人员的组织指挥、应急处置以及后勤保障等综合应急能力。

2. 按演练内容分类

应急演练按照其内容，可以分为单项演练和综合演练两类。

（1）单项演练。指只涉及应急预案中特定应急响应功能或现场处置方案的演练活动。注重针对一个或少数几个参与单位（岗位）的特定环节和功能进行检验。

（2）综合演练。指涉及应急预案中多项或全部应急响应功能的演练活动。注重对多个环节和功能进行检验，特别是对不同单位之间应急机制和联合应对能力的检验。

3. 按演练目的和作用分类

应急演练按照其目的与作用，可以分为检验性演练、示范性演练和研究性演练。

（1）检验性演练。主要是指为了检验应急预案的可行性及应急准备的充分性而组织的演练。

（2）示范性演练。主要是指为了向参观、学习人员提供示范，为普及宣传应急知识而组织的观摩性演练。

（3）研究性演练。主要是为了研究突发事件应急处置的有效方法，试验应急技术、设施和设备，探索存在问题的解决方案等而组织的演练。

不同演练组织形式、内容及目的的交叉组合，可以形成多种多样的演练方式，例如单项桌面演练、综合桌面演练、单项实战演练、综合实战演练、单项示范演练、综合示范演练等。

七、应急演练的组织与实施

一次完整的应急演练活动包括计划、准备、实施、评估总结和改进五个阶段。

1. 计划

演练组织单位在开展演练准备工作前应先制订演练计划。演练计划是有关演练的基本构想和对演练准备活动的初步安排，一般包括演练的目的、方式、时间、地点、日程安排、演练策划领导小组和工作小组构成、经费预算和保障措施等。

在制订演练计划过程中需要确定演练目的、分析演练需求、确定演练内容和范围、安排演练准备日程、编制演练经费预算等。

2. 准备

演练准备阶段的主要任务是根据演练计划成立演练组织机构，设计演练总体方案，并根据需要针对演练方案进行培训和预演，为演练实施奠定基础。

演练准备的核心工作是设计演练总体方案。演练总体方案是对演练活动的详细安排，一般包括确定演练目标、设计演练情景与演练流程、设计技术保障方案、设计评估标准与方法、编写演练方案文件等内容。

3．实施

演练实施是对演练方案付诸行动的过程，是整个演练程序的核心环节。它包括演练前检查、演练前情况说明和动员、演练启动、演练执行、演练结束与意外终止、现场点评会。

4．评估总结

演练评估是在全面分析演练记录及相关资料的基础上，对比参演人员表现与演练目标要求，对演练活动及其组织过程作出客观评价，并编写演练评估报告的过程。所有应急演练活动都应进行演练评估。

演练总结可分为现场总结和事后总结。演练总结报告的内容包括演练目的，时间和地点，参演单位和人员，演练方案概要，发现的问题与原因，经验和教训，以及改进有关工作的建议等。

5．改进

对演练中暴露出来的问题，演练组织单位和参与单位应按照改进计划中规定的责任和时限要求，及时采取措施予以改进，包括修改完善应急预案、有针对性地加强应急人员的教育和培训、对应急物资装备有计划地更新等。演练组织单位和参与单位应指派专人，按规定时间对改进情况进行监督检查，确保本单位对自身暴露出的问题做出改进。

［事故案例］

某新型干法水泥生产线生料均化及窑尾工程，结构形式为钢筋混凝土—钢结构，采用 QTZ—200 t · m 型自升塔式起重机进行吊装施工，塔吊安装高度 56 m，臂长 40 m，于塔身 40 m 高处附着于建筑物上。

事故发生当日，操作人员在将重约 4 t 的预热器非标件（其直径 4.6 m，高度 3.185 m）从塔吊正北方的制作场地吊往窑尾框架北边场地，当落钩距离地面大约 1 m 时，塔机吊臂突然折臂断开，吊臂前段砸中框架第三层，挂在钢支架上。

事故发生后，项目部立即启动事故处理应急预案，组织人员采取保护措施，对事故区域进行警戒、封闭；聘请专家指导，安排专业技术人员对塔吊进行实时监测，防止事故进一步发生。经现场勘查和分析，塔身已严重倾斜。

塔身倾斜方向北面是省际交通要道且来往车辆频繁，受损塔机的不安全状态，将对交通安全构成威胁；此时恰逢雨季，大风或雨水浸泡的基础下沉都可能进一步破坏处在暂时平衡，但严重倾斜、岌岌可危的塔机。塔机拆除已不可能用常规方法，而抢险拆除所需 240 t、200 t 汽车吊尚在 300 km 以外，正在积极协调联系中。虽然情况十分危急，但根据现场勘查塔身结构附着情况以及监测结果判定塔身基本处于稳定状态，此刻盲目采取任何动作都可能产生震动和破坏事故塔机平衡，引发次生事故。目前任务是加强监测，并按照预案做好拆除前期的各项准备工作，静待大吨位汽车吊到来立即实施拆除。两天后，两台汽车吊相继到位，一台用于锁起重臂，另一台用于锁平衡臂。其中一台在拆臂时起平衡力矩作用，防止因力的突然变化而造成倾翻；锁住上部机构，在整机平衡的状况下，加强已变形受损的塔身附着机构和塔身标准节，然后依次拆除吊下塔机各机构。最后，事故塔吊被安全拆除。

第九节 企业安全文化

一、企业安全文化的概念

1. 企业安全文化的定义

《企业安全文化建设导则》（AQ/T 9004—2008）将企业安全文化定义为，被企业组织的员工群体所共享的安全价值观、态度、道德和行为规范的统一体。

具体地说，企业安全文化是企业在长期安全生产和经营活动中逐步形成的，或有意识塑造的为全体员工接受遵循的，具有企业特色的安全价值观、安全思想和意识、安全作风和态度、安全管理机制及行为规范，为保护员工身心安全与健康而创造的安全、舒适的生产和生活环境及条件，是企业安全物质因素和安全精神因素的总和。因此，安全文化的内容十分丰富，应主要包括：一是处于深层的安全观念文化；二是处于中间层的安全制度文化；三是处于表层的安全行为文化和安全物质文化。

2. 企业安全文化的基本功能

企业安全文化与企业文化的目标是基本一致的，即“以人为本”，以人的“灵性管理”为基础，但企业安全文化更强调企业的安全形象、安全奋斗目标、安全激励精神、安全价值观和安全生产及产品安全质量、企业安全风貌及“商誉”效应等，是企业凝聚力的体现，对员工有很强的吸引力和无形的约束作用，能激发员工产生强烈的责任感。企业安全文化具有导向功能、凝聚功能、激励功能、辐射和同化功能。

二、企业安全文化建设的内容

1. 企业安全文化建设的总体要求

企业在安全文化建设过程中，应充分考虑自身内部的和外部的文化特征，引导全体员工的安全态度和安全行为，实现在法律和政府监管要求基础上的安全自我约束，通过全员参与实现企业安全生产水平持续提高。

2. 企业安全文化建设的基本要素

（1）安全承诺。企业应建立包括安全价值观、安全愿景、安全使命和安全目标等在内的安全承诺。安全承诺应做到：切合企业特点和实际，反映共同安全志向；明确安全问题在组织内部具有最高优先权；声明所有与企业安全有关的重要活动都追求卓越；含义清晰明了，并被全体员工和相关方所知晓和理解。

（2）行为规范与程序。企业内部的行为规范是企业安全承诺的具体体现和安全文化建设的基础要求。企业应确保拥有能够达到和维持安全绩效的管理系统，建立清晰界定的组织结构和安全职责体系，有效控制全体员工的行为。

程序是行为规范的主要组成部分。企业应建立必要的程序，以实现对安全相关的所有活动进行有效控制的目的。

（3）安全行为激励。在审查和评估自身安全绩效时，除使用事故发生率等消极指标外，还应使用旨在对安全绩效给予直接认可的积极指标；应建立员工安全绩效评估系统，建立将安全绩效与工作业绩相结合的奖励制度。

(4) 安全信息传播与沟通。应建立安全信息传播系统，综合利用各种传播途径和方式，提高传播效果；应就安全事项建立良好的沟通程序，确保企业与政府监管机构和相关方、各级管理者与员工、员工相互之间的沟通。

(5) 自主学习与改进。应建立有效的安全学习模式，实现动态发展的安全学习过程，保证安全绩效的持续改进；应建立正式的岗位适任资格评估和培训系统，确保全体员工充分胜任所承担的工作；应将与安全相关的任何事件，尤其是人员失误或组织错误事件，当作能够从中吸取经验教训的宝贵机会，从而改进行为规范和程序。

(6) 安全事务参与。全体员工都应认识到自己负有对自身和同事安全做出贡献的重要责任，员工对安全事务的参与是落实这种责任的最佳途径。企业组织应根据自身的特点和需要确定员工参与的形式。

(7) 审核与评估。应对自身安全文化建设情况进行定期的全面审核，在安全文化建设过程中及审核时，采用有效的安全文化评估方法，关注安全绩效下滑的前兆，给予及时的控制和改进。

三、企业安全文化建设的步骤

1. 建立机构

企业安全文化的领导机构可以定为安全文化建设委员会，必须由生产经营单位主要负责人亲自担任委员会主任，同时要确定一名生产经营单位的高层领导人担任委员会的常务副主任，其他高层领导可以任副主任，有关管理部门负责人任委员。其下还必须建立一个安全文化办公室，办公室可以由生产（经营）、宣传、党群、团委、安全管理等部门的人员组成，负责日常工作。

2. 制定规划

对本单位的安全生产观念、状态进行初始评估，对本单位的安全文化理念进行定格设计，制订出科学的时间表及推进计划。

3. 培训骨干

培养骨干是推动企业安全文化建设不断更新、发展，非做不可的事情。训练内容可包括理论、事例、经验和本企业应该如何实施的方法等。

4. 宣传教育

宣传、教育、激励、感化是传播安全文化，促进精神文明的重要手段。规章制度那些刚性的东西固然必要，但安全文化这种柔性的东西往往能起到制度和纪律起不到的作用。

5. 努力实践

安全文化建设是安全管理中高层次的工作，是实现零事故目标的必由之路，是超越传统安全管理来解决安全生产问题的根本途径。安全文化要在生产经营单位安全工作中真正发挥作用，必须让所倡导的安全文化理念深入到员工头脑里，落实到员工的行动上。在安全文化建设过程中，紧紧围绕“安全—健康—文明—环保”的理念，通过采取管理控制、精神激励、环境感召、心理调适、习惯培养等一系列方法，既推进安全文化建设的深入发展，又丰富安全文化的内涵。

[相关知识]

中国交通建设集团中交一航局第一工程有限公司是国家安全监管

总局授予的安全文化建设示范企业之一。其企业安全文化建设经验包括以下四点：

（1）各单位根据安全文化建设示范企业创建活动方案的要求，明确方向，对照《安全文化建设示范企业评价标准》（AQ/T 9005—2008）进行现状评价，查找自身的缺点和不足，分解责任，专人落实。

（2）以创建“平安工地”活动为载体。2009 年、2010 年公司以创建“平安工地”活动为全年的安全管理重点，并分别提出“强化安全意识、治理安全隐患，落实环保指标、创建平安工地”及“坚持以人为本，倡导管理创新，加强精细管理，确保生产安全”的安全工作主题。各单位将安全文化创建工作与公司安全管理工作有效结合，紧密围绕公司安全管理主题，将安全文化建设示范企业创建活动与安全管理工作有机结合。

（3）安全理念是安全文化建设的核心，用安全理念引导安全文化建设。各单位以此项活动为契机，制定和提出符合自身实际的安全理念，制定安全文化建设具体措施，促进公司安全文化建设示范企业创建活动深入开展。如第一项目部提出的“不能有任何闪失”，第二项目部项目文化理念“我要安全，行胜于言”，第六项目部提出的“三零方针”，即“操作零违章、违章零容忍、整改零滞后”，第八项目部提出的“安全为天”“安全可控”理念，第十二项目部推行的班组“安全操作四清楚”牌，即安全操作规程清楚、危险点清楚、预控措施清楚、责任人清楚，等等。

（4）为推动安全文化建设示范企业创建活动的顺利进行，公司安全质量联合督察组将安全文化建设工作作为一个督察重点，每月进行巡查，督促、指导各单位开展安全文化建设示范企业创建活动，对活动开展过程中起到有效促进作用的单位视情况给予表扬和奖励。同时公司组织经验交流，在安全专业会上由工作开展较好的单位进行交流汇报。

第四章　安全生产技术知识

第一节　土方工程安全技术

一、土方工程常见事故分析

1. 土方施工常见事故类型

土方施工事故是基坑（槽）工程事故中的常见事故，土方事故的发生多是由于边坡塌方引起的。在土方开挖过程中，边坡局部或大面积塌陷或滑塌使地基土受到扰动，承载力下降而引发事故。土方施工常见事故主要包括：

（1）影响边坡附近建筑安全与稳定。

（2）土方机械事故。

（3）边坡上堆放材料倾落。

（4）土方塌落直接伤人。

2. 土方施工事故原因分析

（1）开挖较深，边坡不够或通过不同土层时，没有根据土的特性分别放成不同坡度，致使边坡失去稳定而造成塌方。

（2）在有地表水、地下水作用的土层开挖基坑（槽）时，未采用有效的降、排水措施，土层受到地表水和地下水的影响而湿化，内聚力降低，在重力作用下失去稳定而引起塌方。

（3）边坡顶部堆载过大或受外力振动影响，使边坡土体内剪切应力增大，土体失去稳定而塌方。

（4）土质松软，开挖次序、方法不当造成塌方。

（5）虽然采取了支护措施，但支护措施不当或存在质量缺陷等造成支护失效，引起塌方。

（6）施工人员不熟悉当地工程特点，盲目施工引发人为土方事故。

二、基坑与管沟支撑方法

土方开挖中，影响边坡稳定的主要因素有土的类别、土的湿化程度、气候条件、边坡上面附加荷载或外力。在基坑或管沟开挖时，常因受场地的限制不能放坡，或者为了减少挖填的土方量，缩短工期以及防止地下水渗入基坑等要求，采用设置支撑与护壁桩的方法。常用的基坑与管沟支撑方法见表4—1。

表4—1　　常用的基坑与管沟支撑方法

支撑名称	适用范围	支撑名称	适用范围
间断式水平支撑	能保持直立的干土或天然湿度的黏土类土，深度在2 m以内	断续式水平支撑	挖掘湿度小的黏性土及挖土深度小于3 m时
连续式水平支撑	挖掘较潮湿的或散粒的土及挖土深度小于5 m	连续式垂直支撑	挖掘松散的或湿度很高的土（挖土深度不限）

续表

支撑名称	适用范围	支撑名称	适用范围
锚拉支护	开挖较大基坑或使用较大型的机械挖土，而不能安装横撑对	斜柱支撑	开挖较大基坑或使用较大型的机械挖土，而不能采用锚拉支撑中
短桩隔断支撑	开挖宽度大的基坑，当部分地段下部放坡不足时	临时挡土墙支撑	开挖宽度较大的基坑，当部分地段下部放坡不足时
混凝土或钢筋混凝土支护	天然湿度的黏土类土中，地下水较少，地面荷载较大，深度6～30 m的圆形结构护壁或人工挖孔桩护壁	钢构架支护	在软弱土层中开挖较大较深基坑，而不能用一般支护方法时
地下连续墙支护	开挖较大较深，周围有建筑物、公路的基坑，作为复合结构的一部分，或用于高层建筑的逆做法施工，作为结构的地下外墙	地下连续墙锚杆支护	开挖较大较深(>10 m)的大型基坑，周围有高层建筑物，不允许支护有较大变形，采用机械挖土，不允许内部设支撑时
挡土护坡桩支撑	开挖较大较深（>6 m）基坑，临近有建筑，不允许支撑有较大变形时	挡土护坡桩与锚杆结合支撑	大型较深基坑开挖，临近有高层建筑物建筑，不允许支护有较大变形时

三、土方工程安全防护措施

1. 土方开挖准备

（1）勘查现场，清除地面及地上障碍物。

（2）做好施工场地防洪排水工作，场地周围设置必要的截水沟、排水沟。

（3）保护测量基准桩，以保证土方开挖标高位置与尺寸准确无误。

（4）准备好施工用电、用水、道路及其他设施。

（5）对于深基坑，要先做好挡土桩。

2. 土方开挖

（1）根据土方开挖的深度和工程量的大小，选择机械和人工挖土或机械挖土的方案。

（2）如开挖的基坑（槽）比邻近建筑物基础深时，开挖应保持一定的距离和坡度，以免在施工时影响邻近建筑物的稳定。如不能满足要求，应采取边坡支撑加固措施，并在施工中进行沉降和位移观测。

（3）弃土应及时运出，如需要临时堆土，或留作回填土，堆土坡脚至坑边距离应按挖坑深度、边坡坡度和土的类别确定，在边坡支护设计时应考虑堆土附加的侧压力。

（4）为防止基坑底的土被扰动，基坑挖好后要尽量减少暴露时间，及时进行下一道工序的施工。如不能立即进行下一道工序，要预留 15 ~ 30 cm 厚覆盖土层，待基础施工时再挖去。

3. 土方开挖的安全措施

(1) 每项工程施工时，都要编制土方工程施工方案，其内容包括施工准备、开挖方法、放坡、排水、边坡支护等，边坡支护应根据有关规范要求进行设计，并有设计计算书。

(2) 人工挖基坑时，操作人员之间要保持安全距离，一般应大于2.5 m；多台机械开挖，挖土机间距应大于10 m。挖土要自上而下，逐层进行，严禁先挖坡脚的危险作业。

(3) 挖土方前对周围环境要认真检查，不能在危险岩石或建筑物下面进行作业。

(4) 基坑开挖应严格按要求放坡，操作时应随时注意边坡的稳定情况，发现问题时加固处理。

(5) 机械挖土，多台机同时开挖土方时，应验算边坡的稳定性。根据规定和计算确定挖土机离边坡的安全距离。

(6) 深基坑四周设防护栏杆，人员上下要有专用爬梯。

(7) 运土道路的坡度、转弯半径要符合有关规定。

(8) 土方爆破时要遵守爆破作业的有关规定。

[**事故案例**]

2008 年 12 月 11 日，4 名工人在某小区工程挡土墙基槽开挖时，近 20 m 高的边坡在未按有关规定采取相应安全技术措施进行支护的情况下，受雨水浸泡后突然坍塌，4 名工人被掩埋入土方中，当场死亡。

事故技术方面的原因是：挡土墙基槽开挖土方边坡呈直壁状，没有按规定对高度达到 20 m 的边坡进行放坡，也未采取任何支护措施，再加上受雨水浸泡使边坡失稳坍塌。

事故管理方面的原因有：

（1）工程项目未办理施工许可证，未办理安全报监，监理公司未按规定进行监理，使工程施工处于无监管状态。

（2）对高边坡工程未进行论证、评估和编制单项施工组织设计方案，擅自开工建设。施工单位违章施工，安全管理混乱，无安全保证体系和相应的规章制度，未进行安全检查和安全教育，现场工人违章作业，盲目蛮干。

（3）监理单位未严格履行安全监理责任，监而不管，未实行现场旁站监督检查，无视重大事故隐患的存在，严重失职。

第二节　模板工程安全技术

一、模板的分类

模板工程，就其材料用量、人工、费用及工期来说，在混凝土结构工程施工中是十分重要的组成部分，在建筑施工中也占有相当重要的位置。特别是近年来城市建设高层建筑增多，现浇钢筋混凝土结构数量增加，据测算占全部混凝土工程的70%以上，模板工程的重要性更为突出。

模板按其功能分类，常用的主要有五大类：

（1）定型组合模板。包括定型组合钢模板、钢木定型组合模板、组合铝模板以及定型木模板。目前我国推广应用量较大的是定型组合钢模板。

（2）墙体大模板。有钢制大模板、钢木组合大模板以及由大模板组合而成的筒子模等。

（3）飞模（台模）。飞模是用于楼盖结构混凝土浇筑的整体式工具式模板，具有支拆方便、周转快、文明施工的特点。飞模有铝合金桁架与木（竹）胶合板面组成的铝合金飞模，有轻钢桁架与木（竹）胶合板面组成的轻钢飞模，也有用门式钢脚手架或扣件钢管脚手架与胶合板或定型模板面组成的脚手架飞模，还有将楼面与墙体模板连成整体的工具式模板——隧道模。

（4）滑升模板。滑升模板是整体现浇混凝土结构施工的一项新工艺。广泛应用于工业建筑的烟囱、水塔、筒仓、竖井和民用高层建筑剪力墙、框剪、框架结构施工。滑升模板主要由模板面、围圈、提升架、液压千斤顶、操作平台、支撑杆等组成。

（5）一般木模板。一般木模板板面采用木板或木胶合板，支撑结构采用木龙骨、木立柱，连接件采用螺栓或铁钉。

二、模板安装的安全技术措施

1. 模板安装的规定

（1）对模板施工队进行全面的安全技术交底，施工队应是具有资质的队伍。

（2）挑选合格的模板和配件。

（3）模板安装应按设计与施工说明书循序拼装。

（4）竖向模板和支架支撑部分安装在基土上时，应加设垫板，如钢管垫板上应加底座。垫板应有足够强度和支承面积，且应中心承载。基土应坚实，并有排水措施。对湿陷性黄土应有防水措施。对特别重要的结构工程可采用混凝土、打桩等措施防止支架柱下沉。对冻胀性土应有防冻融措施。

（5）模板及其支架在安装过程中，必须设置有效防倾覆的临时固定设施。

（6）现浇钢筋混凝土梁、板，当跨度大于 4 m 时，模板应起拱；当设计无具体要求时，起拱高度宜为全跨长度的1‰～3‰。

（7）现浇多层或高层房屋和构筑物，安装上层模板及其支架应符合下列规定：

1）下层楼板应具有承受上层荷载的承载能力或加设支架支撑。

2）上层支架立柱应对准下层支架立柱，并于立柱底铺设垫板。

3）当采用悬臂吊模板、桁架支模方法时，其支撑结构的承载能力和刚度必须符合要求。

（8）当层间高度大于 5 m 时，宜选用桁架支模或多层支架支模。当采用多层支架支模时，支架的横垫板应平整，支柱应垂直，上下层支柱应在同一竖向中心线上，且其支柱不得超过两层，并必须待下层形成整体空间后，方允许支安上层支架。

（9）模板安装作业高度超过 2 m 时，必须搭设脚手架或平台。

（10）模板安装时，上下应有人接应，随装随运，严禁抛掷。且不得将模板支搭在门窗框上，也不得将脚手板支搭在模板上，并严禁将模板与井字架脚手架或操作平台连成一体。

（11）风力达到五级及以上时应停止一切吊运作业。

（12）拼装高度为 2 m 以上的竖向模板，不得站在下层模板上拼装上层模板。安装过程中应设置足够的临时固定设施。

（13）当支撑呈一定角度倾斜，或其支撑的表面倾斜时，应采取可靠措施确保支点稳定，支撑底脚必须有防滑移的措施。

（14）除设计图另有规定者外，所有垂直支架柱应保证垂直。其垂直允许偏差，当层高不大于5 m时偏差为6 mm，当层高大于5 m时偏差为8 mm。

（15）已安装好的模板上的实际荷载不得超过设计值。已承受荷载的支架和附件，不可随意拆除或移动。

2. 单立柱做支撑的要求

（1）木立柱宜选用整料，当不能满足要求时，立柱的接头不宜超过两个，并应采用对接夹板接头方式。立柱底部可采用垫块垫高，但不得采用单码砖垫高。

（2）立柱支撑群（或称满堂架）应沿纵、横向设水平拉杆，其间距按设计规定：立杆上、下两端20 cm处设纵、横向扫地杆；架体外侧每隔6 m设置一道剪刀撑，并沿竖向连续设置，剪刀撑与地面的夹角应为45°~60°。当楼层高超过10 m时，还应设置水平方向剪刀撑。拉杆和剪刀撑必须与立柱牢固连接。

（3）单立柱支撑的所有底座板或支撑顶端都应与底座和顶部模板紧密接触，支撑头不得承受偏心荷载。

（4）采用扣件式钢管脚手架作立柱支撑时，立杆接长必须采用对接，主立杆间距不得大于1 m，纵横杆步距不应大于1.2 m。

（5）门式钢管脚手架（简称门架）作支撑时，跨距和间距宜小于1.2 m；支撑架底部垫木上应设固定底座或可调底座。支撑宽度为4跨以上或5个间距及以上时，应在周边底层、顶层、中间每5列、5排于每门架立杆根部设ϕ4.8×3.5 m通长水平加固杆，并应用扣件与门架立杆扣牢。

支撑高度超过10 m时，应在外侧周边和内部每隔15 m间距设置剪刀撑，剪刀撑不应大于4个间距，与水平夹角应为45°~60°，沿竖向应连续设置，并用扣件与门架立杆扣牢。

3. 柱模板安装的要求

（1）现场拼装柱模时，应设临时支撑固定，斜撑与地面的倾角宜为60°，严禁将大片模板系于柱子钢筋上。

（2）若为整体组合柱模，吊装时应采用卡环和柱模连接。

（3）当高度超过4 m时，应群体或成列同时支模，并应将支撑连成一体，形成整体框架体系。

[事故案例]

2014年5月3日13时20分，高州市深镇镇良坪村委会坑口村一座在建石拱桥发生重大坍塌事故，造成11人死亡、16人受伤，直接经济损失1 015.6万元。

5月3日6时30分，石拱桥施工现场分别从桥梁工程A、B两侧向拱顶砌石。13时18分许，何某发现A侧施工进度偏慢，即通知站在在建桥梁拱上的成某叫A侧作业人员加快施工进度。13时20分许，A、B两侧砌筑拱券分别长约8 m和9 m时，随着拱上荷载的不断增加和施工人员扰动，支架受力不平衡开始松动，先是A侧支架突然坍塌，紧接着B侧坍塌，整个在建石拱桥迅速向下垮塌，在桥面上施工的作业人员（主要是A侧作业人员）连同石块坠落被埋。19时30分，搜救工作结束，现场清理完毕。现场共搜救出27人，其中5人当场死亡，22人分别送往高州市人民医院、高州市中医院救治，其中6人因伤势过重经抢救无效死亡。

造成桥梁工程失稳坍塌的具体原因：一是支架结构存在重大缺陷。木支架立柱及横联均采用圆木，立柱与横联之间仅采用马钉连接，不能实现节点有效传力；木支架纵、横向均未设置斜撑，木支架结构不稳定。二是支架基础处理不当。桥台附近部分支架立柱置于较陡峭的岩面上，施工采用在柱脚用圆木支顶；受力后，柱脚易滑移。三是拱券施工不对称。拱券施工时，A、B 两侧拱券砌筑相差约 1 m，造成支架受力不平衡。

三、模板拆除的安全措施

拆模时，下方不能有人，拆模区应设警戒线，以防有人误入被砸伤。拆模施工应符合以下规定。

1. 拆模申请要求

要求拆模之前必须有拆模申请，同条件养护试块强度记录达到规定时，技术负责人方可批准拆模。

2. 拆模顺序和方法的确定

各类模板拆除的顺序和方法，应根据模板设计的规定进行。如果模板设计无规定时，可按先支的后拆，后支的先拆顺序进行。先拆非承重的模板，后拆承重的模板及支架。

3. 现浇楼盖及框架结构拆模

一般现浇楼盖及框架结构的拆模顺序如下：拆柱模斜撑与柱箍→拆柱侧模→拆楼板底模→拆梁侧模→拆梁底模。

楼板小钢模的拆除，应设置供拆模人员站立的平台或架子，还必须将洞口和临边进行封闭后，才能开始工作。拆除时先拆除钩头螺栓和内外钢楞，然后拆下 U 形卡、L 形插销，再用钢钎轻轻撬动钢模板，用木槌或带胶皮垫的铁锤轻击钢模板，把第一块钢模板拆下，然后将钢模逐块拆除。拆下的钢模板不准随意向下抛掷，要向下传递至地面。

多层楼板模板支柱的拆除，下面应保留几层楼板的支柱，应根据施工速度、混凝土强度增长的情况、结构设计荷载与支模施工荷载的差距通过计算确定。

4. 现浇柱模板的拆除

一般现浇柱模板的拆除顺序如下：拆除斜撑或拉杆（或钢拉条）→自上而下拆除柱箍或横楞→拆除竖楞并由上向下拆除模板连接件、模板面。

[事故案例]

某银行郴州市分行家属住宅区大门工程委托郴州市设计院设计，由湖南省某建筑公司一分公司承包施工。大门工程包括传达室、门厅雨篷，其中雨篷面积为60 m^2。雨篷采用钢筋混凝土结构，底面标高为5.10 m。

2000年7月12日开工，7月20日浇筑完大门柱混凝土，8月2日支雨篷模板，8月10日下午开始浇筑雨篷混凝土，至8月11日凌晨混凝土接近浇注完成时，由于雨篷模板支撑立柱失稳，雨篷整体倒塌，造成正在施工的作业人员4人死亡、4人受伤。

事故技术方面的原因如下：

（1）没有制订施工方案。雨篷为钢筋混凝土结构，长9.4 m，宽5.5 m，两边各悬挑1.1 m，浇筑混凝土量为9.3 m^3，自重23 t，支模高度达5 m以上，施工有一定难度。如不预先编制施工方案，采取措施确保模板支架的稳定性，施工中一旦发生意外极易导致事故。

（2）模板及其支架无计算书。由于支架搭设未经计算确认，导致了现场支模的随意性，尤其对高度在5 m以上的模板支架，如何确保其支撑的强度及整体稳定性，必须从计算及构造上提出明确要求指导现场施工。本工程模板支架只设置立柱未设置剪刀撑，施工中造成的水平力使支架产生位移变形，再加上立柱的接长做法不符合要求，又因有的立柱底座支撑在未经砌筑的块砖和支撑在 1.5 cm 厚的竹胶板上，因此，施工中造成模板支架的整体失稳。

事故管理方面的原因：模板施工无检查验收，处于失控状态。门厅雨篷为后追加工程，误认为属零星工程，从发包到承包都没引起足够重视而放松管理。只进行了口头约定，没有签订书面合同；只提出工期及经济要求，没有办理质量与安全监理手续，使工程施工处于失控状态。

第三节　起重吊装工程安全技术

一、起重吊装设备及其特点

起重吊装工程是指建筑构配件及设备的安装。常用的起重工具和起重机械有以下几种。

1. 千斤顶

千斤顶又叫举重器，在起重工作中应用很广。它用很小的力就能顶高很重的机械设备，还能校正设备安装的偏差和构件的变形等。千斤顶的顶升高度一般为 100 ~ 400 mm，最大起重量可达 500 t。

2. 倒链

倒链又叫手拉葫芦或神仙葫芦，可用来起吊轻型构件、拉紧扒杆的缆风绳，及用在构件或设备运输时拉紧捆绑的绳索。它适用于小型设备和重物的短距离吊装，一般的起重量为 0.5 ~ 1 t，最大可达 2 t。

3. 卡环

卡环又名卸甲，用于绳扣（千斤绳、钢丝绳）和绳扣，或绳扣与构件吊环之间的连接。它是起重吊装作业中使用较广的连接工具。

4. 绳卡

绳卡主要用于钢丝绳的临时连接和钢丝绳穿绕滑车组时后手绳的固定，以及扒杆上缆风绳绳头的固定等。它是起重吊装作业中使用较广的钢丝绳夹具。

5. 吊钩

吊钩根据外形的不同，分单钩和双钩两种。单钩一般在中小型的起重机上使用，也是常用的起重工具之一。在使用上单钩较双钩简便，但受力条件没有双钩好，所以起重量大的起重机用双钩较多。双钩多用在桥式起重机、门座式起重机上。

6. 手扳葫芦

手扳葫芦是一种轻巧简便的手动牵引机械。它具有结构紧凑、体积小、自重轻、携带方便、性能稳定等特点，能在各种工程中担任牵引、卷扬、起重等作业。使用手扳葫芦时，起重量不准超过允许荷载，要按照标记的起重量使用；不能任意加长手柄，应用钢芯的钢丝绳作业。

7. 绞磨

绞磨是一种使用较普遍的人力牵引工具，主要用于起重速度不快，没有电动卷扬机，也没有电源的偏僻地区及牵引力不大的施工作业。

8. 滑车和滑车组

滑车和滑车组是起重吊装、搬运作业中较常用的起重工具。滑车是由吊钩链环、滑轮、轴、轴套和夹板等组成。

二、吊装设备使用的安全要求和注意事项

1. 千斤顶

（1）千斤顶应放在干燥无尘土的地方，不可日晒雨淋，使用时应擦洗干净，各部件灵活无损。

（2）使用时应放平，并在顶端和底脚部分加垫木板。

（3）不要超负荷使用，顶升的高度不得超过活塞上的标志线。

（4）顶升时要随着物体的升高，在其下面用枕木垫好，以防千斤顶倾斜或回油而引起活塞突然下降。

（5）几个千斤顶联合使用时，应设置同步升降装置，并且每个千斤顶的起重能力不能小于计算荷载的1.2倍。

2. 倒链

（1）使用前需检查确认各部位灵敏无损。

（2）起重时，不能超出起重能力，在任何方向使用时，拉链方向应与链轮方向相同。要注意防止手拉链脱槽，拉链子的力量要均匀，不能过快过猛。

（3）要根据倒链的起重能力决定拉链的人数。如拉不动时，应查明原因再拉。

（4）起吊重物中途停止时，要将手拉小链拴在起重链轮的大链上，以防时间过长而自锁失灵。

3. 卡环

（1）卡环必须是锻造的，一般是用20号钢锻造后经过热处理而制成的。不能使用铸造的和补焊的卡环。

（2）在使用时不得超过规定的荷载，并应使卡环销子与环底受力（即在高度方向受力）。不能横向受力，横向使用卡环会造成弯环

变形，尤其是在采用抽销卡环时，弯环的变形会使销子脱离销孔，钢丝绳扣柱易从弯环中滑脱出来。

（3）抽销卡环经常用于柱子的吊装，它可以在柱子就位固定后，在地面上用事先系在销子尾部的棕绳将销子拉出，解开吊索，避免摘扣时的高空作业，提高吊装效率。在柱子的质量较大时，为提高安全度，须用螺栓式卡环。

4．绳卡

（1）卡子的大小要适合钢丝绳的粗细，U 形环的内侧净距要比钢丝绳直径大 1 ~ 3 mm，净距太大不易卡紧绳子。

（2）使用时，要将 U 形螺栓拧紧，直到钢丝绳被压扁 1/3 左右为止。由于钢丝绳在受力后产生变形，绳卡在钢丝绳受力后要进行第二次拧紧，以保证接头的牢靠。如需检查钢丝绳在受力后绳卡是否滑动，可采取附加一个安全绳卡来进行。

（3）绳卡之间的排列间距一般为钢丝绳直径的 6 ~ 8 倍，绳卡要按顺序排列，将 U 形环部分卡在绳头的一面，压板放在主绳的一面。

5．吊钩

（1）一般吊钩是用整块钢材锻制的，表面应光滑，不得有裂纹、刻痕、剥裂、锐角等缺陷。不准对磨损或有裂缝的吊钩进行补焊修理。

（2）吊钩上应注有载重能力，如没有标记，在使用前应经过计算，确定载荷质量，并做动静载荷试验，在试验中经检查无变形、裂纹等现象后方可使用。

（3）在起重机上用吊钩，应设有防止脱钩的吊钩保险装置。

三、构件及设备吊装安全技术措施

1. 安全技术的一般规定

(1) 吊装前应编制施工组织设计或制订施工方案，明确起重吊装安全技术要点和保证安全的技术措施。

(2) 参加吊装的人员在吊装前应进行安全技术教育和安全技术交底。

(3) 吊装工作开始前，应对起重运输和吊装设备以及所用索具、卡环、夹具、卡具、锚碇等的规格、技术性能进行细致检查或试验，发现有损坏或松动现象，应立即调换或修好。起重设备应进行试运转，发现转动不灵活、有磨损的应及时修理；重要构件吊装前应进行试吊，经检查各部位正常后才可进行正式吊装。

2. 防止高处坠落

(1) 吊装人员应戴安全帽；高处作业人员应系安全带，穿防滑鞋，带工具袋。

(2) 吊装工作区应有明显标志，并设专人警戒，与吊装无关人员严禁入内。起重机工作时，起重臂杆旋转半径范围内，严禁站人或通过。

(3) 运输、吊装构件时，严禁在被运输、吊装的构件上站人指挥和放置材料、工具。

(4) 高处作业人员应站在操作平台或轻便梯子上工作。吊装层应设临时安全防护栏杆或采取其他安全措施。

(5) 登高用梯子、临时操作台应绑扎牢靠；梯子与地面夹角以60°~70°为宜，操作台跳板应铺平绑扎，严禁出现挑头板。

3. 防止物体坠落伤人

（1）高处往地面运输物件时，应用绳子捆好吊下。吊装时，不得在构件上堆放或悬挂零星物件。零星材料和物件必须用吊笼或钢丝绳、保险绳捆扎牢固后才能吊运和传递，不得随意抛掷材料物体、工具，防止滑脱伤人或意外事故。

（2）构件必须绑扎牢固，起吊点应通过构件的重心位置，吊升时应平稳，避免振动或摆动。

（3）起吊构件时，速度不应太快，不得在高空停留过久，严禁猛升猛降，以防构件脱落。

（4）构件就位后临时固定前，不得松钩、解开吊装索具。构件固定后，应检查连接牢固和稳定情况，当确定连接安全可靠时，才可拆除临时固定工具和进行下一步吊装。

（5）风雪天、霜雾天和雨天吊装应采取必要的防滑措施，夜间作业应有充分照明。

4. 防止吊装结构失稳

（1）构件吊装应按规定的吊装工艺和程序进行，未经计算和采取可靠的技术措施，不得随意改变或颠倒工艺程序安装结构构件。

（2）构件吊装就位，应经初校和临时固定或连接可靠后方可卸钩，最后固定后方可拆除临时固定工具。高宽比很大的单个构件，未经临时或最后固定组成一个稳定单元体系前，应设溜绳或斜撑拉（撑）固。

（3）构件固定后不得随意撬动或移动位置，如需重校时，必须回钩。

5. 防止触电

（1）吊装现场应有专人负责安装、维护和管理用电线路和设备。

（2）构件运输、起重机在电线下进行作业或在电线旁行驶时，构件或吊杆最高点与电线之间水平或垂直距离应符合安全用电的有关规定。

（3）使用塔式起重机或长吊杆的其他类型起重机及钢井架，应有避雷防触电设备，各种用电机械必须有良好的接地或接零，接地电阻不应大于4 Ω，并定期进行地极电阻摇测试验。

[事故案例]

2004年9月11日早晨，某装修公司大连温州城项目部施工队队长罗某安排工人焦某、陈某、李某3人站在高处作业吊篮内进行外墙大理石干挂作业。8时20分左右，吊篮一侧的提升钢丝绳突然从固定的钢卡内“抽签”（与绳卡夹脱扣），造成吊篮倾斜坠地（坠落高度约7 m），吊篮内的3名作业人员也随吊篮一起坠地受伤；吊篮坠地的同时，在楼内进行室内装修作业的内装公司瓦工娄某从楼内出来，恰好路经吊篮下方，不慎被吊篮砸伤头部（没有戴安全帽），随后4人立即被送到医院抢救和救治。娄某经抢救无效死亡，焦某、陈某轻伤留院治疗，李某经简单处置后回到单位。

经过事故调查组的调查，认定造成这起伤亡事故发生的原因是由于施工设备有缺陷、现场安全管理不善等造成的生产安全责任事故。

事故发生的直接原因如下：

（1）现场所使用的吊篮存在缺陷。施工现场所使用的吊篮没有按使用说明书进行安装，工作钢丝绳和安全钢丝绳端固定不牢，致使钢丝绳与绳卡夹脱扣，导致吊篮一端坠地。

（2）内装公司瓦工娄某安全意识不强，在从楼内出来时，没有观察门外上方是否有人在作业，贸然从有人在外墙上方进行干挂大理石作业的大门出去，而且违章不戴安全帽，不慎被下坠的吊篮砸到头部受伤致死。

事故发生的间接原因如下：

(1) 装修公司对温州城外装修施工现场的安全管理不善。施工组织方案缺少吊篮使用的具体安全方案及操作规定，致使吊篮在使用时因承重钢丝绳的卡扣固定不牢，难以承载吊篮本身和吊篮上作业人员及大理石板等的重量而“抽签”，导致吊篮一端坠地。在进行外墙吊篮作业时，没有在地面设立防止其他作业人员进入危险区域的警戒措施，也没有指派专人在现场进行监护。同时缺乏对作业现场的安全检查，对作业人员的安全教育交底和专业技能培训不够等。

(2) 监理公司违反《建设工程安全生产管理条例》的有关规定，没有认真履行工程监理的职责。监理公司在审查施工方案时，发现对使用吊篮没有详细的方案和措施，虽然提出整改要求，但施工队没有拿出整改方案依然让其使用，特别是吊篮在使用中发生故障后也没有采取有效措施要求其整改，仍继续让其使用。另外，对施工现场同时进行内、外装修存在交叉作业，可能发生人员伤亡事故的危险性认识不足，没有要求外装公司在进行外墙吊篮作业时，必须在地面设立防止其他作业人员进入危险区域的警戒措施和指派专人在现场进行监护，没有及时采取措施封堵吊篮下的通道。

(3) 开发公司对多个施工单位在温州城进行室内外装饰装修存在交叉作业，可能发生人员伤亡事故的危险性认识不足，对施工现场缺乏组织与协调。

(4) 内装公司缺乏对施工现场的安全管理。对作业人员的安全教育不够，导致作业人员违章不戴安全帽，又盲目进入危险区域，被坠落的吊篮砸伤致死。

第四节 拆除工程安全技术

一、拆除工程安全技术要求

建筑物和构筑物拆除的方法很多，主要有人工拆除、机械拆除、爆破拆除三类。无论采用哪种拆除方法，都应遵守安全生产法律法规和安全技术规程。

拆除工程施工组织设计或方案应针对拟拆除的建筑物、构筑物的周围环境，建筑物、构筑物结构类型，各部构件受力状况，水、电、暖、燃气布置情况，以及采取拆除施工方法等进行编制。施工组织设计的主要内容如下：

（1）现场安全监护人员名单及职责。

（2）工程作业区周边的安全围挡及警示标牌设置要求。在拆除施工现场划定危险区域，并设置警戒线和相关的安全标志，应派专人监管。

（3）切断原给排水、电、暖、燃气等源头和拆除各种管道、线网的安全要求。拆除工程施工所需要的水、电应另行设计专用的临时配电线路、供水管道。

（4）根据采用的拆除方法制定有针对性的安全作业措施。

（5）高处拆除作业应设计搭设专用的脚手架或作业平台。若作业人员站在拟拆除的建筑物结构、部分（包括电焊机、氧气瓶等设备）上操作，必须确定其结构是稳固的。

(6) 拆除建（构）筑物，应按自上而下对称顺序进行，先拆除非承重结构，再拆除承重的部分。不得数层同时拆除。当拆除一部分时，与之相关联的其他部位应采取临时加固稳定措施，防止发生坍塌。承重结构件要等待它所承担的全部结构和荷重拆除后再进行拆除。

(7) 拆除作业要设置溜放槽，将拆下的散碎材料顺槽溜下，较大的承重材料，应用绳或起重机吊下或运走，严禁向下抛掷。

(8) 拆除石棉瓦及轻型材料屋面工程时，严禁拆除作业人员直接踩踏在石棉瓦及其他轻型板材上作业。必须使用移动板梯，同时板梯上端必须挂牢，防止发生高处坠落事故。

(9) 遇有六级强风、大雨、大雾等恶劣天气，应暂停高处拆除工程作业。强风、雨后应检查高处作业安全设施的安全性，冬季应清除登高通道和作业面的雪、霜、冰块后再进行登高作业。

二、爆破拆除安全技术

(1) 从事爆破拆除工程的施工单位，必须持有爆破作业单位许可证，承担相应等级的爆破拆除工程。爆破作业人员应当取得爆破作业人员许可证后，方可从事爆破拆除作业。

(2) 爆破拆除的预拆除施工应确保建筑安全和稳定。预拆除施工可采用机械和人工方法拆除非承重的墙体或不影响结构稳定的构件。

(3) 对烟囱、水塔类构筑物采用定向爆破拆除工程时，爆破拆除设计应控制建筑倒塌时的触地振动，必要时应在倒塌范围铺设缓冲材料或开挖防振沟。

(4) 为保护临近建筑和设施的安全，爆破震动强度应符合现行国家标准《爆破安全规程》（GB 6722—2014）的有关规定。建筑基础爆破拆除时，应限制一次同时使用的药量。

（5）爆破拆除施工时，应对爆破部位进行覆盖和遮挡，覆盖材料和遮挡设施应牢固可靠。

（6）爆破拆除应采用电力起爆网路和非电导爆管起爆网路。电力起爆网路的电阻和起爆电源功率，应满足设计要求；非电导爆管起爆应采用复式交叉封闭网路。爆破拆除不得采用导爆索网路或导火索起爆方法。装药前应对爆破器材进行性能检测。试验爆破和起爆网路模拟试验应在安全场所进行。

（7）爆破拆除工程的实施应在工程所在地有关部门领导下成立爆破指挥部，应按照施工组织设计确定的安全距离设置警戒。

三、安全技术措施的实施

（1）安全技术措施中的各种安全设施、安全防护设备都应列入任务单，责任落实到班组、个人。工程项目安全管理人员应进行督察，并实行验收制度。

（2）各级施工管理人员在检查生产的同时应检查安全和安全技术措施落实情况，及时纠正不符合安全要求的状况，切实做到防患于未然。

（3）所有安全设施、防护装置不得随意变动、拆除，如果确因生产作业需要将其暂时移位或拆除，必须向项目施工技术人员报告，并还应采取相应的暂时安全防范措施，作业完成后应立即复原。

（4）各种安全设施、防护装置如有损坏的，必须及时整改，确保使用安全的可靠性。安全设施的拆除必须经项目工程技术负责人确认其已完成防护作用并批准后，方可拆除。

[事故案例]

2002 年 7 月 6 日，湖南省长沙市麓南分社某房屋拆除工程最后一道墙在待拆期间发生坍塌事故，造成 13 人死亡，7 人重伤，10 人轻伤。

湖南省长沙市麓南分社某房屋为一座四层砖混结构住房，因拓改整治要进行拆除，大部分结构拆除后，只余下一道砖墙未拆。在待拆期间，遇到暴风雨天气，墙体坍塌，该坍塌墙体又压垮了邻近的一道围墙，这两道墙之间的通道是一处自由集贸市场，造成了 13 人死亡，7 人重伤，10 人轻伤的重大伤亡事故。

事故发生的技术原因：由于该建筑原拆除方法错误，导致只剩下一道单面墙，从而形成了不稳定结构，且在停工期间又未采取任何加固措施。这道墙高 12 m，长 10 m，厚 240 mm，用红砖砌筑，墙体的高厚比为 50∶1，是国家标准《砌体结构设计规范》（GB 5003—2011）规定允许高厚比的两倍多，其稳定性远远不能满足规范的要求。在大雨和风力等偶然因素作用下，使得长细比过大且迎风面积较大的墙体丧失稳定而发生坍塌。

发生事故管理方面的原因如下：

（1）拆除人在拆除房屋过程中没有制订拆房的施工方案，拆除过程中未考虑剩余墙体的稳定性，对剩余墙体也未采取任何安全保护措施，给墙体坍塌创造了先决条件。

（2）在建筑物未拆除完毕暂时停工过程中，作业区域没有设置警戒区域和明显的危险标志，放任群众在危险区域进行集市贸易，因此，造成多人伤亡事故。

第五节 建筑机械设备安全技术

一、常用建筑机械设备及其安全使用要求

1. 建筑机械设备分类

建筑机械是指用于各种建筑工程施工的工程机械、筑路机械和运输机械等有关机械设备的统称，包括挖掘机械、起重机械、铲土运输机械、压实机械、路面机械、桩工机械、混凝土机械、钢筋加工机械、装修机械。

中小型机械主要是指建筑工地上使用的混凝土搅拌机、砂浆搅拌机、卷扬机、机动翻斗车、蛙式打夯机、磨石机、混凝土振捣器等。这些机械设备数量多、分布广，常因使用维修保养不当而发生事故。

2. 混凝土搅拌机的安全使用要求

混凝土搅拌机是由搅拌筒、上料机构、搅拌机构、配水系统出料机构、传动机构和动力部分组成，它的使用和管理应符合以下要求：

（1）固定式的搅拌机要有可靠的基础，操作台面牢固，便于操作，操作人员应能看到各工作部位情况；移动式的搅拌机应在平坦坚实的地面上支架牢靠，不准以轮胎代替支撑，使用时间较长（一般超过3个月）的，应将轮胎卸下妥善保管。

（2）使用前要空车运转，检查各机构的离合器及制动装置情况，不得在运行中做注油保养。

（3）作业中严禁将头或手伸进料斗内，也不得贴近机架察看，运转出料时，严禁用工具或手进入搅拌筒内扒动。

（4）运转中途不准停机也不得在满载时启动搅拌机。

（5）作业中发生故障时，应立即切断电源，将搅拌筒内的混凝土清理干净，然后再进行检修。检修过程中电源处应设专人监护（或挂牌）并拴牢上料斗的摇把，以防误动摇把，使料斗提升，发生挤伤事故。

（6）作业后，要进行全面冲洗，筒内料出净，料斗降落到最低处坑内，如需升起放置时，必须用链条将料斗扣牢。料斗升起挂牢后，坑内才准下人。

3. 卷扬机的安全使用要求

卷扬机在建筑施工中使用广泛，它可以单独使用，也可以作为其他起重机械的卷扬机构。它的安全使用要点如下：

（1）安装位置应符合如下要求：

1）视野良好，施工过程中不影响司机对操作范围内全过程的监视。

2）地基坚固，防止卷扬机移动和倾覆。

3）从卷筒到第一个导向滑轮的距离，带槽卷筒时应大于卷筒宽度的15倍，无槽卷筒时应大于卷筒宽度的20倍。

4）搭设操作棚和给操作人员创造一个安全作业条件。

（2）卷扬机司机应经专业培训，持证上岗。

（3）留在卷筒上的钢丝绳最少应保留3~5圈。

（4）钢丝绳要定期涂油并要放在专用的槽道里，以防碾压倾轧，破坏钢丝绳的强度。

4. 机动翻斗车的安全使用要求

机动翻斗车是一种方便灵活的水平运输机械，在建筑施工中常用于运输砂浆、混凝土熟料以及散装物料等。使用要点如下：

（1）机动翻斗车属厂内运输车辆，司机按有关规定培训考核，持证上岗。

（2）车上除司机外不得带人行驶。

5．蛙式打夯机的安全使用要求

蛙式打夯机是建筑施工中常见的小型压实机械，虽有不同形式，但构造基本相同，主要由机械结构和电器控制两部分组成。蛙式打夯机的使用要点如下：

（1）只适用于夯实灰土、素土地基以及场地平整工作，不能用于夯实坚硬或软硬不均相差较大的地面，更不得夯打混有碎石、碎砖的杂土。

（2）凡需搬运蛙式打夯机必须切断电源，不准带电搬运。

（3）操作蛙式打夯机必须由两个人同时进行，一人扶夯，另一人提电线，操作人员应穿戴好绝缘用品。

（4）两台以上蛙式打夯机同时作业时，左右间距不得小于 5 m，前后不得小于 10 m。相互间的胶皮电缆不要缠绕交叉，并远离夯头。

6．钢筋加工机械的安全使用要求

钢筋加工机械主要有冷拉机、冷拔机、调直剪切机、切断机、弯曲机及焊接机械等。

（1）冷拉机。冷拉机主要由卷扬机、地锚、夹具、定滑轮、动滑轮及测力装置组成。冷拉机的操作要点如下：

1）操作时应控制冷拉值，不准超载。

2）拉直钢筋的两端要有防护措施，防止钢筋拉断或滑离夹具伤人。

3）工作中禁止人员站在冷拉线的两端，或跨越冷拉中的钢筋。

4）用配重控制的设备，工作前要检查配重块与设计要求是否一致，并设有起落标记；用延伸率控制的装置，必须有明显标记。

（2）冷拔机。冷拔机是在强拉力作用下，钢筋通过一个小于其直径的模孔，经过冷拔以提高其使用强度，也称拔丝机。拔丝机操作时应注意以下事项：

1）拔丝机由两人操作，相互配合，启动前要进行检查，启动后先空车运转。

2）运转中不准将手伸入卷筒做清理工作，也不准进行维修。

3）操作人员佩戴防护眼镜，扎紧袖口，防止烫伤。

（3）调直剪切机。调直剪切机可以自动地将钢筋调直和切断，其操作应注意以下事项：

1）按钢筋的直径选用适当的调直块及传动速度，在调直块未固定、防护罩未盖好之前，不得送料。

2）送料前，应切去不直的料头。上盘条穿丝、引头切断，均应停机进行。

3）调直短盘钢筋时，应手持套管护送到导向器，防止钢筋甩动伤人。

（4）切断机。有手动切断机、电动切断机和液压切断机，操作时应注意以下事项：

1）钢筋必须在调直后切断。钢筋要平直进入刀口，与刀口呈垂直状态。

2）不得超出机械铭牌规定的钢筋直径和强度，一次切断多根钢筋时，其总截面应在规定范围内。

3）手与切刀间应保持大于 15 cm 的距离。料长度小于 40 cm 时，应用套管或夹具将短钢筋头夹牢。

(5) 弯曲机。弯曲机可将切断调直配好的钢筋弯曲成所需要的形状，操作时应注意以下事项：

1) 工作台和弯曲机台面要在同一水平面上。

2) 按加工钢筋的直径和弯曲半径装好心轴（心轴直径应为钢筋直径的2.5倍）。

7. 木工机械的安全使用要求

施工现场中常见的木工机械主要是圆盘锯和平面刨（手压刨），这两种机械也是木工机械中发生事故较多的机械。

(1) 圆盘锯使用要点

1) 锯片必须平整牢固，锯齿尖锐有适当锯路（否则易发生夹锯），锯片不能有连续缺齿，不得使用有裂纹的锯片。

2) 安全防护装置要齐全完整。分料刀的厚薄适度，位置合适，锯长料时不产生夹锯；锯盘护罩的位置应固定在锯盘上方，不得在使用中随意转动；操作者的位置与锯片之间应装置挡网，防止破料时遇节疤和铁钉时弹回伤人，挡网应有能防止木料弹回的刚度，同时又不能遮挡操作人员的视线，以看清锯木料的墨线。

3) 应有能够防止误碰开机的开关控制，闸箱与设备的距离不大于2 m，以便在发生故障时，迅速切断电源。

4) 木料较长时，两人配合操作。操作中，下手必须待木料超过锯片20 cm以外时，方可接料。接料后不要猛拉，应与送料配合。需要回料时，木料要完全离开锯片以后再送回，操作时不能过早过快，防止木料碰锯片。

5) 截断木料和锯短料时，应用推棍，不准用手直接进料，进料速度不能过快。下手接料必须用刨钩。木料长度不足 50 cm 的短料，禁止上锯。

（2）平面刨（手压刨）使用要点

1）应明确规定，除专业木工外，其他工种人员不可操作。

2）应装开关箱，开关箱距设备不大于 3 m，便于发生故障时迅速切断电源。

3）使用前应空转运行，转速正常无故障时，才可进行操作。刨料时，应双手持料，按料时应该使用工具，不要用手直接按料，防止木料移动，手按空发生事故。

4）短于 20 cm 的木料不得使用机械。长度超过 2 m 的木料，应由两人配合操作。

5）刨料前要仔细检查木料，有铁钉、灰浆等物要先清除，遇木节、逆茬时，要适当减慢推进速度。

6）必须装设灵敏可靠的护手装置。目前各地使用的防护装置不一，但不管何种形式，必须灵敏可靠，经试验认定确实可以起到防护作用。防护装置安装后，必须专人负责管理，不能以各种理由拆掉，发生故障时，机械不能继续使用，必须待装置维修试验合格后，方可再用。

二、塔式起重机的安全技术措施

塔式起重机（简称塔吊），在建筑施工中已经得到广泛的应用，成为建筑安装施工中不可缺少的建筑机械。塔吊的安全注意事项如下：

（1）塔吊司机和信号人员，必须经专门培训持证上岗。

（2）实行专人专机管理，机长负责制，严格交接班制度。

（3）新安装的或经大修后的塔吊，必须按说明书要求进行整机试运转。

（4）塔吊距架空输电线路应保持安全距离。

（5）司机室内应配备适用的灭火器材。

（6）提升重物前要确认重物的真实质量，要做到不超过规定的荷载，不得超载作业。

（7）两台塔吊在同一条轨道作业时，应保持安全距离。两台同样高度的塔吊，其起重臂端部之间距离应大于4 m。两台塔吊同时作业，其吊物间距不得小于2 m。

（8）沿轨道行走的塔吊，处于90°弯道上时，禁止起吊重物。

（9）操作中遇六级以上大风等恶劣气候，应停止作业，将吊钩升起，夹好轨钳。当风力达10级以上时，应将吊钩落下钩住轨道，并在塔身结构架上拉四根钢丝绳，固定在附近的建筑物上。

[**事故案例**]

2006年2月27日，由某施工单位承建的北京地铁某标段正在进行暗挖施工，某分包单位的作业人员梅某、陆某、徐某、马某、潘某五人进入导洞施工，其中陆某、徐某、马某在一竖井底部从事向井外清运土方作业，另有牟某操作起重机。2时45分左右，施工现场使用的电动单梁起重机在提升过程中发生冲顶，吊钩滑轮组与电动葫芦的护板发生严重撞击，电动葫芦钢丝绳断裂，料斗从井口处坠落至井底，将在井底清土作业的人员陆某、徐某、马某三人当场砸死。

该起事故的原因如下：

（1）该工程在起重设备的使用上，严重违反了《特种设备安全监察条例》。在电动单梁起重机没有安装导绳器、上升限位器，并且起重滑轮边缘局部破损的情况下，继续使用起重设备，以致在吊斗提升过程中发生冲顶，受力的钢丝绳滑出滑轮轨道，被破损的滑轮边缘剪断，吊斗随之落下。

（2）作业人员牟某未经专业培训，持假操作证违章操作电动单梁起重机，并在操作时不能及时发现机械异常。

（3）作业人员陆某、徐某、马某安全意识淡薄，不了解施工现场存在的安全隐患，违反“不得随意进入施工现场起吊作业区域”的规定，在起重机吊运过程中盲目进入起重机垂直运输区域进行清土作业。

（4）施工现场管理人员监管不力，对起重机运行安全状况及操作人员的持证情况检查不到位，也未及时发现电动单梁起重机存在的隐患和缺陷。

三、龙门架（井字架）物料提升机的安全技术措施

龙门架、井字架都是用作施工中的物料垂直运输。龙门架、井字架是因架体的外形结构而得名。龙门架由天梁及两立柱组成，形如门框；井字架由四边的杆件组成，形如“井”字的截面架体，提升货物的吊笼在架体中间上下运行。

1. 安全防护装置

（1）停靠装置。此装置为了保证吊篮到位停靠后，当工人进入吊篮内作业时，如果发生卷扬机抱闸失灵或钢丝绳突然断裂，吊篮不会坠落，以确保人员安全。

（2）断绳保护装置。当钢丝绳突然断开时，此装置即弹出，两端将吊篮卡在架体上，阻止吊篮坠落。

（3）吊篮安全门。当吊篮落地时，安全门自动开启；吊篮上升

时，安全门自行关闭。

(4) 楼层口停靠栏杆。升降机与各层进料口的结合处搭设了运料通道，通道处应设防护栏杆。

(5) 上料口防护棚。即升降机地面进料口搭设的防护棚。

(6) 超高限位装置。该装置用于防止吊篮失控上升与天梁碰撞。

(7) 下极限限位装置。主要用于高架升降机，为防止吊笼下行时不停机，压迫缓冲装置造成事故。

(8) 超载限位器。为防止装料过多而设置。

(9) 通信装置。用于升降时与地面联络。

2. 安装与拆除

龙门架（井字架）物料提升机的安装与拆除必须编制专项施工方案，并应由有资质的队伍施工。

(1) 升降机应有专职机构和专职人员管理。司机应经专业培训，持证上岗。

(2) 组装后应进行验收，并进行空载、动载和超载试验。

(3) 严禁载人升降、攀登架体及从架体下面穿越。

四、外用电梯的安全注意事项

建筑施工外用电梯又称附壁式升降机，是一种垂直井架（立柱）导轨式外用笼式电梯。主要用于工业、民用高层建筑的施工，桥梁、矿井、水塔的高层物料和人员的垂直运输。

外用电梯安全注意事项如下：

(1) 电梯应按规定单独安装接地保护和避雷装置。

(2) 电梯底笼周围 2.5 m 范围内，必须设置稳固的防护栏杆。

各停靠层的过桥和运输通道应平整牢固，出入口的栏杆应安全可靠。

（3）限速器、制动器等安全装置必须由专人管理，并按规定进行调试检查，保持灵敏可靠。

（4）必须经考核取证后的专职电梯司机操作。

（5）电梯每班首次运行应分别做空载及满载试运行，将梯笼升高离地面 0.5 m 左右停车，检查制动灵敏性，确认正常后方可投入运行。

（6）梯笼乘人、载物时，应使载荷均匀分布，严禁超载使用。

（7）电梯运行至最上层和最下层时，应按操作按钮操作，严禁以碰撞行程限位开关来实现停车。

（8）在电梯切断总电源开关前，司机不能离开操作岗位。作业结束后，将梯笼停到底层，各控制开关扳至零位，切断电源，锁好闸门和梯门。

（9）风力达六级以上时，应停止使用，并将梯笼降至底层。

（10）多层施工交叉作业同时使用电梯时，要明确联络信号。

（11）电梯安装完毕正式投入使用之前，应在首层高度的地方架设防护棚。

（12）各停靠层的通道口处应安装栏杆或安全门，其他周边各处应用栏杆和立网等材料封闭。

（13）应严格控制载运重量，在无平衡重时（安装及拆除时），其载重量应折减 50%。

［**事故案例**］

上海市宝山区华灵路某项建设的 C 块 3 标，工程为 8#、12#、13#、17#、20#五幢七层砖混建筑，面积约 18 000 m^2，由上海某建设公司承建，监理单位是上海宝山某监理公司。发生事故期间工程主体在2~3层，垂直运输采用井字架提升机，已搭设完2台。

2002年12月5日，该工程项目经理安排架子工搭设12#楼井字架，在既没有施工方案，也未向作业人员进行详细技术交底，架子工又无特种作业资格证的情况下便开始作业。至12月7日井字架搭设高度为22.5 m，仅在18 m处对角拴了一道缆风绳（直径为6.5 mm钢丝绳）。12月8日工作时风力达七级，温度下降，操作人员提出风太大不好干，但项目经理坚持一定要搭完。当井字架组装到第18节（高度为27 m）时，井字架整体倾倒在20#楼二层楼面上，缆风绳被拉断，除造成井字架上作业的3名人员死亡外，还造成楼面作业的1名工人死亡。

事故技术方面的原因是井字架缆风绳和井字架安装不符合规定。

事故管理方面的原因如下：

（1）井字架设计制作后并未按规定进行验收，致使井字架设计出现缆风绳过细等事故隐患。

（2）在井字架搭设前，没有按规定编制专项施工方案，作业前又没有向作业人员讲明安装程序和应采取的稳定措施，即没做技术交底，致使安装过程违反规定造成架体失稳。

（3）该项目经理无相应资质，作业人员无上岗证，施工无方案，作业无交底，风力已达七级，仍违章指挥强令进行高处作业，一味追求进度而忽视安全技术措施。

（4）建设单位、监理单位对现场监督管理失控，对违章作业及井字架存在多处隐患等错误做法未加以制止、改正，使违章任意发展，导致事故发生。

第六节 脚手架工程安全技术

一、脚手架的种类及安全要求

脚手架是建筑施工中必不可少的临时设施。脚手架虽然是随着工程进度而搭设，工程完毕就拆除，但它对建筑施工速度、工作效率、工程质量以及工人的人身安全有着直接的影响。因此，对脚手架的选型、构造、搭设质量等绝不可疏忽大意、轻率处理。

1. 脚手架的种类

随着建筑施工技术的发展，脚手架的种类也越来越多。按搭设的材质，脚手架可分为竹脚手架、木脚手架、钢管脚手架，钢管脚手架又分扣件式、碗扣式、门式、工具式。按搭设的立杆排数，脚手架可分为单排架、双排架和满堂架。按搭设的用途，脚手架可分为砌筑架、装修架。按搭设的位置，脚手架可分为外脚手架和内脚手架。

2. 使用脚手架的安全要求

（1）脚手架要有足够的牢固性和稳定性，保证在施工期间对所规定的荷载或在气候条件的影响下不变形、不摇晃、不倾斜，能确保作业人员的人身安全。

（2）脚手架要有足够的面积满足堆料、运输、操作和行走的要求。

（3）脚手架的构造要简单，搭设、拆除和搬运要方便，使用要安全。

二、使用脚手架的安全技术要求

1. 使用脚手架的一般规定

（1）脚手架应由持有特种作业操作证的工人，按批准后的施工方案和措施搭设；经施工和使用部门验收合格后，挂上标牌，方可使用。

（2）脚手架的两端，转角处每隔6～7根立杆处应设置支杆和剪刀撑；支杆和剪刀撑与地面的夹角不得大于60°。

（3）脚手架高度在7 m以上及无法设置支杆时，竖向每隔4 m、横向每隔7 m必须与建（构）筑物牢固连接；脚手架的外端与顶部应与建（构）筑物多加几处牢固的连接点。

（4）脚手架的外侧、斜道两侧、平台的周边应设置1.05 m高的栏杆和18 cm高的挡脚板，或设置安全网；脚手架必须设置可供作业人员上下的垂直爬梯和斜道，斜道上应有防滑条。料口、平台、通道上部应设天棚。

（5）脚手架严禁钢木、钢竹混搭；长期未用的脚手架，大风、暴雨后和解冻期的脚手架，在恢复使用前必须经检查、鉴定合格后，方可重新使用。

（6）脚手架上架设的照明线必须有绝缘子或其他绝缘支撑；高度在20 m以上，且不在避雷保护范围内的脚手架必须设立单独的避雷针，避雷装置必须符合安全要求。

（7）脚手板的铺设应满足如下要求：满铺、平稳、牢固、无探头板；对头搭接处应设双排横杆；拐角（弯）处应交错搭接；搭接的长度应大于20 cm，与建（构）筑物的立表面距离应小于20 cm；脚手板铺设后应采取加固措施，防止翘动或移位。

（8）高度在30 m以上的钢管脚手架和高度在15 m以上的木、竹脚手架，应有专门的设计，才可以搭设。

2. 使用木脚手架的安全技术要求

（1）木脚手架的材质应采用去皮的杉木或落叶松及其他坚韧的硬木，严禁使用易腐朽、易折裂、有枯节的木杆。

（2）脚手架搭设时，如遇松土或无法挖基坑时应绑扫地杆；立杆和大横杆应错开搭设，立杆搭接长度应不小于150 cm；立杆间距应不大于150 cm，大横杆间距应不大于120 cm，小横杆间距应不大于100 cm。

（3）木质脚手板应使用5 cm厚的杉木或红、白松板材；脚手板的两端8 cm处应用8号镀锌铁线箍绕2~3圈或用铁皮钉牢；凡腐朽、扭曲、破裂及多节疤的脚手板严禁使用。

3. 使用钢管脚手架的安全技术要求

（1）钢管脚手架应用外径为41~51 mm、厚度为3~3.5 mm、长度为4~6.5 m和2.1~2.6 m的钢管，钢管如有弯曲、变形、裂纹或严重锈蚀，不准使用。

（2）扣管必须是合格厂家生产的产品，产品必须有出厂合格证，凡有裂纹、残缺或滑丝的扣件严禁使用。

（3）脚手架的立杆应垂直，其间距应小于2 m，底部应设置金属底座或垫木，土质比较松散时，立杆底部应设置扫地杆。

（4）大横杆间距应小于1.2 m，小横杆间距应小于1.5 m；立杆、大横杆的接头应错开位置搭设；立杆、大横杆的搭接长度应大于50 cm，承插式接头连接长度应大于8 cm，水平承插式接头应使用销子并加扣件连接；任何部位均不得用铁线或绳子绑扎，必须使用扣件。

（5）钢脚手板应用2~3 mm厚的A3钢板制作，两端应有连接装置，板面上应有防滑孔；焊缝开焊、板面上有裂纹和扭曲变形的钢脚手板严禁使用。

4. 使用竹脚手架的安全技术要求

(1) 严禁使用青嫩、枯黄、黑斑、虫蛀以及裂纹连续两节以上的竹竿搭设脚手架。

(2) 竹脚手板的厚度应大于 5 cm，板上的螺丝坚固牢靠，竹条无断裂。

(3) 立杆架设时如遇松散土质或无法挖基坑时，应绑扎扫地杆；立杆和大横杆应错开搭设，搭接长度应大于 1.5 m。

(4) 绑扎宜采用 8 号镀锌铁线，如用竹篾或棕绳绑扎，应保证其直径在 10 mm 以上。

(5) 立杆间距应小于 1.3 m，大横杆间距应小于 1.2 m，小横杆间距小于 0.75 m。必须搭设双排架子。

5. 使用挑脚手架的安全技术要求

(1) 挑脚手架的挑出宽度应小于 1.2 m，斜撑上端应用螺栓、扒钉或铁线与挑梁嵌槽固定连接，下端固定在立柱或建（构）筑物上。

(2) 在门洞口处搭设的挑脚手架，其斜撑杆与墙面的夹角应小于 30°，并支撑在建（构）筑物的牢固位置。

(3) 工作层外侧应设防护栏杆，防护栏杆的外侧应张挂安全网。

(4) 挑脚手架上应满铺脚手板，不能满铺的挑脚手架应张挂兜底安全网；脚手板离墙面的距离应小于 15 cm。

6. 使用移动式脚手架的安全技术要求

(1) 移动式脚手架在使用前必须与建（构）筑物牢固连接或将脚手架自身牢固稳定，应将下部的滚动部分固定牢固。

（2）脚手架在移动前，应将架上的物品（材料、物料、工器具等）和垃圾清除干净，并有可靠的防止脚手架倾倒的措施。

7. 使用固定式悬吊脚手架的安全技术要求

（1）悬吊脚手架的挑梁应固定在建（构）筑物的牢固部位上，悬吊脚手架本身也应与建（构）筑物牢固连接。

（2）立杆的上下两端应加设一道保险扣件，立杆两端伸出的长度应大于20 cm。

（3）各种挂钩和吊钩均应加套环扣紧。架子周边应设1.05 m高的栏杆和18 cm高的挡脚板，也可以设防护立网，脚手板应满铺。

8. 使用可升降式悬吊脚手架的安全技术要求

（1）卷扬机应用地锚固定牢固，卷扬机应有双制动装置；滑轮、钢丝绳应通过计算选择和确定；钢丝绳的安全系数大于14倍。

（2）脚手架应有双重保护，升降时应缓慢、平稳；脚手板应满铺。

（3）各种挂钩、吊钩均应用套环扣紧；工作前应对脚手架结构、卷扬机、挂钩、吊钩、钢丝绳等进行检查，确认无误后，方可使用。

（4）使用中应有防止绳索与建（构）筑物棱角摩擦的措施，应避免焊接的电弧损伤绳索。

三、拆除脚手架的安全技术要求

（1）拆除前应编制安全措施并进行安全技术交底，参加交底人员均应签字。

（2）拆除区域应设置围栏和警示标志。

（3）由专职架子工拆除，并由专人统一指挥。

（4）拆除的顺序是自上而下，先搭后拆，后搭先拆；一般先拆护身栏杆，后拆剪刀撑及上面各部分扣件，然后拆平台、斜道、小横杆、大横杆、立杆和底座。严禁上下同时拆除。

四、脚手架的安全管理

（1）设置供操作人员上下使用的安全扶梯、爬梯或斜道。

（2）搭设完毕后应进行检查验收，经检查合格后才准使用。特别是高层脚手架和满堂脚手架更应进行检查验收后才能使用。

（3）在脚手架上同时进行多层作业的情况下，各作业层之间应设置可靠的防护棚，以防止上层坠物伤及下层作业人员。

（4）脚手架专项施工方案中，应包括脚手架拆除的方案和措施，拆除时应严格遵守。

[事故案例]

某大桥为一座长 236 m、宽 13 m、4 个桥墩、主孔为 80 m 的现浇箱型拱桥。该工程由某集团十一公司承建，自贡市某建设监理公司监理。

2002 年 2 月 8 日，对已搭设完毕的大桥支撑脚手架进行荷载试验，检验其承载能力。由于此支撑架的搭设没有详细的施工方案和设计计算，对支承脚手架进行荷载试验也无规范的荷载试验方案和对操作程序的严格规定，因此对脚手架也没有检查验收，只凭经验搭设。在加荷载过程中既没有专人指挥，也没有严格按照自大桥两岸向中间对称加载的方法。当大桥一端因加载的砖块未到、人员撤离到岸边休息时，另一端人员却继续加载，从而使桥身负荷偏载，重心偏移，脚手架立杆弯曲变形。当加载至设计荷载的 90%（1 100 t）时，脚手架失稳，整体坍塌，20 多名施工人员全部坠入河中，造成 3 人死亡、7 人受伤。

这起事故的直接原因是脚手架承载力不足，而脚手架承载力不足是由于没有详细的荷载试验施工方案，造成对材质无人检验，对杆件间距及搭设没有科学要求和检验，再加上加载程序无人指挥和严格控制，从而导致脚手架坍塌。监理单位没有依照法规及有关技术标准对承包单位实施监督也是这起事故发生的原因。

第七节　施工用电安全技术

一、施工用电安全要求

1．临时用电管理

（1）临时用电的施工组织设计。按照《施工现场临时用电安全技术规范》（JCJ 46—2005）的规定："临时用电设备在5台及5台以上或设备总容量在50 kW及50 kW以上者，应编制临时用电施工组织设计。"编制临时用电施工组织设计是施工现场临时用电管理的主要技术文件。

（2）主要技术内容。一个完整的施工用电组织设计应包括现场勘测、负荷计算、变电所设计、配电线路设计、配电装置设计、接地设计、防雷设计、外电防护措施、安全用电与电气防火措施、施工用电工程设计施工图等。

2．施工现场对外电线路的安全距离及防护

（1）外电线路的安全距离。外电线路的安全距离是指带电导体与其附近接地的物体以及人体之间必须保持的最小空间距离或最小空气间隙。

在施工现场中，安全距离问题主要是指在建工程（含脚手架具）

的外侧边缘与外电架空线路的边线之间的最小安全操作距离和施工现场的机动车道与外电架空线路交叉时的最小安全垂直距离。对此，《施工现场临时用电安全技术规范》作了具体规定。

（2）外电线路的防护。为了确保施工用电安全，必须采取设置防护性栅栏，以及悬挂警告标志牌等防护措施。如无法设置栅栏则应采取停电、迁移外电线路或改变工程位置等，否则不得施工。

3．施工现场用电的接地与防雷

在施工现场，由于现场环境、条件的影响，间接触电现象往往比直接触电现象更普遍，危害也更大。所以，除了应采取防止直接触电的安全措施以外，还必须采取防止间接触电的安全技术措施。

（1）接地。接地通常是用接地体与土壤相接触实现的。金属导体或导体系统埋入地内土壤中，就构成一个接地体。接地体与接地线的总和称为接地装置。在电气工程上，接地主要有四种基本类别：工作接地、保护接地、重复接地、防雷接地。

（2）施工现场建筑机械设备的防雷。施工现场建筑机械应参照第3类工业建（构）筑物的防雷规定设置防雷装置。被保护物的高度是指最高点的高度，被保护物必须完全处在保护范围内方能确保安全。

二、电气安全技术措施

1．电气设备安全技术要求

统计资料表明，由于电气设备的结构有缺陷、安装质量不佳、不能满足安全要求而造成的事故所占比例很大。因此，为了确保人身和设备安全，在安全技术方面对电气设备有以下要求：

（1）对裸露于地面和人身容易触及的带电设备，应采取可靠的防护措施。

（2）设备的带电部分与地面及其他带电部分应保持一定的安全距离。

（3）易产生过电压的电力系统，应有避雷针、避雷线、避雷器、保护间隙等过电压保护装置。

（4）低压电力系统应有接地、接零保护装置。

（5）对各种高压用电设备应采取装设高压熔断器和断路器等不同类型的保护措施；对低压用电设备应采用相应的低压电气保护措施进行保护。

（6）在电气设备的安装地点应设安全标志。

（7）根据某些电气设备的特性和要求，应采取特殊的安全措施。

2. 电气作业人员的资格和要求

（1）电气作业必须由经过专业培训、考试合格、持有电工作业操作证的人员担任。

（2）电气作业人员因故间断电气工作连续六个月以上者，必须重新考试合格，方能工作。

（3）电气作业人员必须严格熟悉有关消防知识，能正确使用消防用具和设备，熟知人身触电紧急救护方法。

（4）变、配电所及电工班要根据本岗位的实际情况和季节特点，制定完善各项规章制度和相应的岗位责任制。做好预防工作和安全检查，发现问题及时处理。

[事故案例]

2006 年 10 月 8 日凌晨，北京某装饰公司在某装修工程电气负荷运行调试时，发现插座没有电，并用摇表摇测不通。电工王某从二楼回廊西南角顶棚检修口进入顶棚内，检查插座到配电室之间的线路不通的原因。王某操作失误，剪断带电线路触电身亡。

这起事故的原因如下：

（1）电工王某在调试过程中违反《北京市建筑工程施工安全操作规程》的规定，在未测定带电线路的情况下违章操作，剪断带电线路造成触电身亡。

（2）漏电保护器失灵。

（3）电工王某在电气调试操作过程中未穿戴绝缘劳动防护用品。

（4）施工项目部对特种作业人员安全生产教育不到位，造成作业人员安全意识不强、违章作业。

三、手持式电动工具的分类及安全要求

1．手持式电动工具的分类

手持式电动工具按触电保护可分为以下三类：

（1）Ⅰ类工具。工具在防止触电的保护方面不仅依靠基本绝缘，而且还包含一个附加安全预防措施。

（2）Ⅱ类工具。工具在防止触电的保护方面不仅依靠基本绝缘，而且它还提供双重绝缘或加强绝缘的附加安全预防措施和设有保护接地或依赖安装条件的安全措施。

（3）Ⅲ类工具。工具在防止触电的保护方面依靠由安全电压供电和在工具内部不会产生比安全电压高的电压。

2．手持式电动工具的使用要求

（1）空气湿度小于75%的一般场所可选用Ⅰ类或Ⅱ类手持式电动工具，相关开关箱中漏电保护器的额定漏电动作电流不应大于15 mA，额定动作时间不应大于0.1 s。

（2）在潮湿场所或金属架上操作时，必须选用Ⅱ类或由安全隔离变压器供电的Ⅲ类手持式电动工具。

（3）狭窄场所必须选用由安全隔离变压器供电的Ⅲ类手持式电动工具，其开关箱和安全隔离变压器均应设置在狭窄场所外面，并连接PE线。操作过程中应有人在外面监护。

（4）手持式电动工具的负荷线应采用耐气候型的橡皮护套铜芯软电缆，并不得有接头。

（5）手持式电动工具的外壳、手柄、插头、开关、负荷线等必须完好无损，使用前必须做绝缘检查和空载检查，在绝缘合格、空载运行正常后方可使用。

（6）使用手持式电动工具时，必须按规定穿戴绝缘防护用品。

四、施工现场的照明安全

在施工现场的电气设备中，照明装置与人的接触最为经常和普遍。为了从技术上保证现场工作人员免受发生在照明装置上的触电伤害，照明装置必须采取如下技术措施：

（1）照明开关箱中的所有正常不带电的金属部件都必须做保护接零，所有灯具的金属外壳必须做保护接零。

（2）照明开关箱（板）应装设漏电保护器。

（3）照明线路的相线必须经过开关才能进入照明器，不得直接进入照明器。

（4）灯具的安装高度既要符合施工现场实际，又要符合安装要求。室外灯具距地不得低于3 m；室内灯具距地不得低于2.5 m。

（5）对下列特殊场所使用的照明器应使用安全电压：

1）隧道、人防工程、高温、有导电灰尘或灯具离地面高度低于

2.5 m 等场所的照明，电源电压不应大于 36 V。

2）在潮湿和易触及带电体场所的照明，电源电压不得大于 24 V。

3）在特别潮湿的场所、导电良好的地面、锅炉或金属容器内工作的照明，电源电压不得大于 12 V。

4）移动式照明器（如行灯）的照明电源电压不得大于 36 V。

［**事故案例**］

2002 年 8 月 12 日，河南省新乡市某彩印厂工程施工中，由于工地的电气线路架设混乱，发生一起触电事故，造成 3 人死亡。

河南省新乡市某彩印厂工程由卫辉市某建筑公司承包。该工程发生事故之前正在进行厂房通道的混凝土地面施工，通道总长度 90 m，宽 13 m，通道地面按宽度分为南北两段施工，每段宽 6.5 m，南段已施工完毕。2002 年 8 月 11 日晚开始北段施工，到夜间 0 时左右时，地面作业需用滚筒进行碾压抹平，但施工区域内有一活动操作台（用钢管扣件组装）影响碾压作业进行，于是由 3 名作业人员推开操作台。但由于工地的电气线路架设混乱，再加上夜间施工只采用了局部照明，推动中操作台挂住电线无法前进，因光线暗未发现原因，3 名作业人员便用钢管撬动操作台，将电线绝缘损坏，导致操作台带电，3 人当场触电死亡。

这是一起责任事故，事故发生的主要原因是：施工现场管理混乱，临时用电工程未按规定编制专项施工方案，现场电气安装后未经验收，施工中又无人检查提出整改要求，在线路架设、电源电压等不符合要求下施工，保护接零及漏电保护装置未安装或安装不合格导致失误，再加上夜间施工照明面积不够，施工人员推操作平台误挂电线造成触电事故。

第八节　高处作业安全技术

一、高处作业危险性分析

凡在坠落高度基准面 2 m 以上（含 2 m），有可能坠落的高处进行的作业称为高处作业。作业高度分为 2 ~ 5 m、5 ~ 15 m、15 ~ 30 m 及 30 m 以上四个区域。

高处作业是施工作业过程中极为常见的施工方式，其危险性不仅与施工人员素质、施工管理、施工方法有关，而且与施工作业的环境、使用的工具、作业的难度等有关，造成的危害主要为高处坠落和物体打击，严重威胁着施工作业人员的人身安全。

高处作业的危险性主要体现在以下四方面。

1. 施工人员的危险性

施工人员的技术素质差、缺乏安全技能和安全意识淡薄，无自我保护意识和能力，甚至存在生理或心理缺陷。

2. 施工作业环境的危险性

施工作业场所存在有毒有害物，或易燃易爆等危险物品，以及转动机械设备、高压电源等致害因素；施工作业交叉进行，起重设备碰撞脚手架；作业在特高或设备内高处进行；恶劣的气候条件等。

3. 施工作业设备材料的危险性

施工作业所使用脚手架的材料、梯子、平台等，与其配合使用的起吊设施或安全设施存在隐患等。

4. 施工管理的危险性

施工作业对施工方案、安全措施及施工过程缺乏有效的施工监督管理。

二、临边作业、洞口作业、悬空作业、交叉作业的安全技术措施

在建筑施工中，高处作业主要有临边作业、洞口作业及独立悬空作业等，进行高处作业必须做好必要的安全防护技术措施。

1. 临边作业

在施工现场，当工作面的边沿无围护设施，使人与物有各种坠落可能的高处作业属于临边作业。

（1）临边作业的防护措施主要为设置防护栏杆。栏杆应由上、下两道横杆及栏杆柱构成。横杆离地高度，规定为上杆 1.0 ~1.2 m，下杆 0.5 ~0.6 m，即位于中间。

（2）防护栏杆的受力性能和力学计算。防护栏杆的整体构造应使栏杆上杆能承受来自任何方向的 1 000 N 的外力。通常可从简按容许应力法计算栏杆的弯矩、受弯正应力；需要控制变形时，计算挠度。

（3）用绿色密目式安全网全封闭。在建工程的外侧周边如无外脚手架，应用密目式安全网全封闭，如有外脚手架，在脚手架的外侧也要用密目式安全网全封闭。

（4）装设安全防护门。

2. 洞口作业

建筑物或构筑物在施工过程中，常会出现各种预留洞口、通道口、上料口、楼梯口、电梯井口，在其附近工作，称为洞口作业。

各种板与墙的孔口和洞口，各种预留洞口，桩孔上口，杯形、条形基础上口，电梯井口必须视具体情况分别设置牢固的盖板、防护栏杆、密目式安全网或其他防护坠落的设施。防护栏杆的受力性能和力

学计算与临边作业的防护栏杆相同。

3. 悬空作业的安全防护

施工现场，在周边临空的状态下进行作业时，高度在2 m及2 m以上，属于悬空高处作业。悬空作业无立足点或无牢靠立足点，必须适当建立牢靠的立足点，如搭设操作平台、脚手架或吊篮等，方可进行施工。

4. 交叉作业的安全防护

进行交叉作业时，不得在同一垂直方向上下同时操作。下层作业的位置，必须处于依上层高度确定的可能坠落范围半径之外。不符合此条件，中间应设置安全防护层。

［事故案例］

2012年3月15日上午，某热电厂5号机组、6号机组续建工程现场，屋面压型钢板安装班组5名工人张某、罗某、贺某、刘某、代某在6号主厂房屋面板安装压型钢板。在施工中未按要求对压型钢板进行锚固，即向外安装钢板。在安装推动过程中，压型钢板两端（张某、罗某、贺某在一端，刘某、代某在另一端）用力不均，致使钢板一侧突然向外滑移，带动张某、罗某、贺某3人失稳坠落至三层平台死亡，坠落高度为19.4 m。

该事故发生的直接原因如下：

（1）临边高处悬空作业，不系安全带。

（2）违反施工工艺和施工组织设计要求进行施工。根据施工组织设计要求，铺设一块压型钢板后，应先进行固定，再进行翻板，而实际施工中既未固定第一张板，也未翻板，而是平推钢板，导致操作人员由于推力不均而失稳坠落。

(3) 施工作业面下无水平防护（安全平网），缺乏有效的防坠落措施。

该事故发生的间接原因如下：

(1) 教育培训不够，工人安全意识淡薄，违章冒险作业。

(2) 项目部安全管理不到位，专职安全员无证上岗，项目部对当天的高处作业未安排专职安全员进行监督检查，致使违章和违反施工工艺的行为未能及时发现和制止。

(3) 施工组织设计、方案、作业指导书中的安全技术措施不全面，没有对锚固、翻板、监督提出严格的约束措施，按工序施工落实不力，缺少水平安全防护措施。

第九节　建筑防火防爆安全技术

一、火灾爆炸的原因

建筑施工中的火灾和爆炸事故，主要发生在储存、运输及施工（加工）过程中。

1. 直接原因

建筑施工中引发火灾和爆炸事故的直接原因可归纳为以下四个方面：

(1) 现场的设施不符合消防安全的要求，如仓库防火性能低、库内照明不足、通风不良、易燃易爆材料混放；现场内在高压线下设置临时设施和堆放易燃材料；在易燃易爆材料堆放处实施动火作业。

(2) 缺少防火、防爆安全装置和设施，如消防、疏散、急救设施不全或设置不当等。

（3）在高处实施电焊、气割作业时，对作业的周围和下方缺少防护遮挡。

（4）雷击、地震、大风等气候条件下或在雷暴区季节性施工时，避雷设施失效。

2. 间接原因

间接原因可认为是由基础原因诱发出来的原因，可归纳为以下两方面：

（1）技术原因。储存材料的仓库等的设计及布置不符合防火规范要求；在制订施工方案时对易燃材料、易燃化学品认识不足，编制的防火防爆安全措施不够全面。

（2）管理原因。安全生产责任制不落实，施工管理人员疏于管理；消防安全制度执行不力，动火作业督促检查不到位，不能及时发现或消除火灾隐患；施工人员缺乏防火安全思想和技术教育，欠缺消防安全知识；未编制防火防爆应急预案或未进行应急预案的演练。

3. 火灾事故扩大的原因

初期火灾和爆炸事故如果控制不及时，扑救不得力，便会发展扩大成为灾害。灾害扩大的主要原因有以下几点：

（1）作业人员对异常情况不能正确判断、及时报告处理。

（2）现场消防制度、措施不落实，无灭火器材或灭火剂失效。

（3）延误报火警，消防人员未能及时到达火场灭火。

（4）因防火间距不足，可燃物质数量多，大风天气等而无法短时间灭火。

在生产加工和储存运输过程中，应全面系统地分析造成火灾爆炸事故的各种原因，有效地采取相应的防火技术措施和管理措施，达到预防事故的目的。

［事故案例］

2012 年 10 月 10 日 4 时 58 分许，中铁十八局隧道工程有限公司承建的秦岭隧洞工程项目工地宿舍发生重大火灾事故，导致 13 人死亡，25 人受伤，直接经济损失 1 183. 86 万元。

这起事故的主要原因如下：

（1）宿舍区电气线路私接乱拉，宿舍内使用电炉子、千瓦棒等大功率电器和灯具，无任何防火安全措施。

（2）现场搭建的办公、住宿等临时用房耐火等级低。

（3）施工现场未设置消防设施，无临时消防水池，发生火灾后无法有效组织扑救初起火灾。

（4）施工单位安全管理混乱，施工现场未成立任何安全管理组织，防火安全责任不明确，防火制度形同虚设。

（5）施工单位对员工未进行过消防安全培训，施工人员防火意识差，不掌握基本的自救逃生方法，致使许多人无法逃生而遇难。

二、防火防爆技术措施

为了预防火灾和爆炸，重要的是对危险物质和点火源进行严格管理。

1. 引起火灾爆炸的点火源

在建筑施工过程中，引起火灾爆炸的点火源主要有：

（1）明火。如喷灯、火炉、火柴，锅炉房或食堂烟囱、烟道喷出的火星。

（2）电火花。如高电压的火花放电、短路和开闭电闸时的弧光放电、接点上的微弱火花等。

(3) 电焊、气焊和气割的焊渣。

2. 预防火灾爆炸的基本措施

工程技术人员在编制施工组织设计或施工方案时，必须综合考虑防火要求、建筑物的性质、施工现场的周围环境等因素。

(1) 合理布置施工现场。要明确划分出禁火作业区（易燃、可燃材料的堆放场地）、仓库区（易燃废料的堆放区）和现场的生活区，各区域之间要按规定保持如下防火安全距离：

1) 禁火作业区距离生活区应不小于15 m，距离其他区域应不小于25 m。

2) 易燃、可燃材料堆料场及仓库与在建工程和其他区域的距离应不小于20 m。

3) 易燃的废品集中场地与在建工程和其他区域的距离应不小于30 m。

4) 防火间距内，不应堆放易燃和可燃材料。

(2) 建立防火安全规章制度。施工单位必须认真遵守消防法律法规，建立防火安全规章制度。在生产或者储存易燃易爆品的场区施工，施工单位应当与相关单位建立动火信息通报制度，自觉遵守相关单位消防管理制度，共同防范火灾。

在施工现场禁火区域内施工，动火作业前必须申请办理动火证，动火证必须注明动火地点、动火时间、动火人、现场监护人、批准人和防火措施。动火证由安全生产管理部门负责管理，施工现场动火证的审批工作由工程项目负责人组织办理。动火作业没经过审批的，一律不得实施动火作业。对易引起火灾的仓库，应将库房内、外按500 m^2的区域分段设立防火墙，把建筑平面划分为若干个防火单元。

储量大的易燃仓库应设两个以上的大门，大门应向外开启。固体易燃物品应当与易燃易爆的液体分间存放，不得在一个仓库内混合储存不同性质的物品。仓库应设在下风方向，保证消防水源充足和消防车辆通道的畅通。

3. 电气防火防爆措施

电气火灾通常是因为电气设备的绝缘老化、接头松动、过载或短路等因素导致过热而引起的。尤其是在易燃易爆场所，上述电气线路隐患危害更大。为防止电气火灾事故的发生，必须采取防火措施。

（1）电气设备的防火措施

1）经常检查。经常检查电气设备的运行情况，检查接头是否松动，有无电火花发生，电气设备的过载、短路保护装置性能是否可靠，设备绝缘是否良好。

2）合理选用电气设备。有易燃易爆物品的场所，安装使用电气设备时，应选用防爆电器，绝缘导线必须密封敷设于钢管内。应按爆炸危险场所等级选用、安装电器设备。

3）保持安全的安装位置。保持必要的安全间距是电气防火的重要措施之一。为防止电气火花和危险高温引起火灾，凡能产生火花和危险高温的电气设备周围不应堆放易燃易爆物品。

4）保持电气设备正常运行。电气设备运行中产生的火花和危险高温是引起电气火灾的重要原因。为控制过大的工作火花和危险高温，保证电气设备的正常运行，电气设备应由经培训考核合格的人员操作使用和维护保养。

5）通风。在易燃易爆危险场所运行的电气设备，应有良好的通风，以降低爆炸性混合物的浓度。

6）接地。在易燃易爆危险场所的接地比一般场所要求高。不论其电压高低，正常不带电装置均应按有关规定可靠接地。

（2）电气设备的灭火规则

1）电气设备发生火灾时，着火的电器、线路可能带电，为防止火情蔓延和灭火时发生触电事故，发生电气火灾时应立即切断电源。

2）因生产不能停顿，或因其他需要不允许断电、必须带电灭火时，必须选择不导电的灭火剂，如二氧化碳灭火器、1211 灭火器等进行灭火。灭火时救火人员必须穿绝缘鞋和戴绝缘手套。

3）灭火时的最短距离。用不导电灭火剂灭火时，电压为 10 kV 时，喷嘴至带电体的最短距离不应小于 0. 4 m；电压为 35 kV 时，喷嘴至带电体的最短距离不应小于 0. 6 m。若用水灭火，电压在 110 kV 及以上时，喷嘴与带电体之间必须保持 3 m 以上的距离；电压在 220 kV及以上时，喷嘴与带电体的间距应不小于 5 m。

4. 焊接、切割的防火防爆措施

（1）转移。在易燃、易爆场所和禁火区域内，应把需要焊、割的构件拆下来，转移到安全地带实施焊、割。

（2）隔离。对确实无法拆卸的焊、割构件，可把焊、割的部位或设备与其他易燃易爆物质进行隔离。高处实施电焊、气割作业的部位要采取围挡措施，以防止焊渣大面积散落至地面。

（3）置换。对可燃气体的容器、管道进行焊、割时，可将惰性气体（如氮气、二氧化碳）、蒸汽或水注入焊、割的容器、管道内，把残存在里面的可燃气体置换出来。

（4）清洗。对储存过易燃液体的设备和管道进行焊、割前，应先用热水、蒸汽或酸液、碱液把残存在里面的易燃液体清洗掉。对无法溶解的污染物，应先铲除干净，然后再进行清洗。

（5）移去危险品。把作业现场的危险物品搬走。

（6）加强通风。在有易燃、易爆、有毒气体的室内作业时，应进行通风，待室内的易燃、易爆和有毒气体排至室外后，才能进行焊、割。

（7）提高湿度，进行冷却。作业点附近的可燃物无法搬移时，可采用喷水的办法，把可燃物浇湿，进行冷却，增加它们的耐火能力。

（8）备好灭火器材。针对不同的作业现场和焊、割对象，配备一定数量的灭火器材。

焊、割作业中的火灾事故，有些往往是工程的结尾阶段，或在焊、割作业结束后，因焊、割结束后留下的火种没有熄灭造成。因此，焊、割作业结束后，必须及时彻底清理现场，清除遗留下来的火种，关闭电源、气源，把焊、割工具放置在安全的地方。

5. 其他防火防爆措施

（1）对于储存易燃物品的仓库，应有醒目的“禁止烟火”等安全标志，严禁吸烟，入库人员严禁带入火柴、打火机等火种。

（2）烘烤、熬炼使用明火或加热炉时，应用砖砌实体墙完全隔开。烟道、烟囱等部位与可燃建筑结构应用耐火材料隔离，操作人员应随时监督。

（3）办公室、食堂、宿舍等临时设施不得乱拉乱扯电线，不得使用电炉子，取暖炉具应当符合防火要求，要由专人管理。

（4）施工现场内严禁焚烧建筑垃圾和用明火取暖。

（5）未经批准，严禁动火；没有消防措施、无人监护，严禁动火。

[事故案例]

乌鲁木齐市某大学学生公寓楼工程由新疆建工集团某建筑公司承建。2001 年 8 月 2 日晚上加班，在调配聚氨酯底层防水涂料时，使用汽油代替二甲苯作稀释剂，调配过程中发生燃爆，引燃室内堆放着的防水（易燃）材料，造成火灾并产生有毒烟雾，致使 5 人中毒窒息死亡，1 人受伤。

调制油漆、防水涂料等作业应准备专门作业房间或作业场所，保持通风良好，作业人员佩戴防护用品，房间内备有灭火器材，预先清除各种易燃物品，并制定相应的操作规程。此工地作业人员在堆放易燃材料附近使用易挥发的汽油，未采取任何必要措施，违章作业，导致发生火灾。

事故管理方面的原因是：该施工单位对工程进入装修阶段和使用易燃材料施工，没有制定相关的安全管理措施，也未配有专业人员对作业环境进行检查和配备必要的消防器材，以致发生火情后未能及时采取援救措施，最终导致火灾。作业人员未经培训交底，没有掌握相关知识，违章作业无人制止，导致发生火灾。

第十节　事故应急救护知识

一、事故应急救护的原则

（1）遇到伤害事故发生时，不要惊慌失措，要保持镇静，并设法维持好现场的秩序。

（2）在周围环境不危及生命的条件下，一般不要随便搬动伤员。

(3) 暂不要给伤员喝任何饮料和进食。

(4) 如发生意外而现场无人时，应向周围大声呼救，请求来人帮助或设法联系有关部门，不要单独留下伤员而无人照管。

(5) 遇到严重事故、灾害或中毒时，除急救呼叫外，还应立即向当地政府安全生产监督管理部门及卫生、公安等有关部门报告，报告现场在什么地方、伤员有多少、伤情如何、做过什么处理等。

(6) 伤员较多时，根据伤情对伤员分类抢救，处理的原则是先重后轻、先急后缓、先近后远。

(7) 对呼吸困难、窒息和心跳停止的伤员，立即将伤员头部置于后仰位，托起下颌，使呼吸道畅通，同时施行人工呼吸、胸外心脏按压等复苏操作，原地抢救。

(8) 对伤情稳定、估计转运途中不会加重伤情的伤员，迅速组织人力，利用各种交通工具分别转运到附近的医疗机构急救。

(9) 现场抢救的一切行动必须服从有关领导的统一指挥。

二、常见事故的救护方法

1. 触电事故的急救

触电事故急救的基本原则是动作迅速、方法正确。有资料指出，从触电后 1 min 开始救治者，90% 有良好效果；从触电后 6 min 开始救治者，10% 有良好效果；而从触电后 12 min 开始救治者，救活的可能性很小。触电事故的主要急救方法如下：

(1) 脱离电源。发现有人触电后，应立即关闭开关、切断电源。同时，用木棒、皮带、橡胶制品等绝缘物品挑开触电者身上的带电物体。立即拨打报警电话。需防止触电者脱离电源后可能的摔伤，特别是当触电者在高处的情况下，应考虑采取防摔措施。

（2）检查触电者。解开妨碍触电者呼吸的紧身衣服，检查触电者的口腔，清理口腔黏液，如有假牙，则应取下。

（3）立即就地抢救。当触电者脱离电源后，应根据触电者的具体情况，迅速对症救护。现场应用的主要救护方法是人工呼吸法和胸外心脏按压法。应当注意，急救要尽快进行，不能等候医生的到来，在送往医院的途中，也不能中止急救。

（4）如有电烧伤的伤口，应包扎后到医院就诊。

［**事故案例**］

2002 年 9 月 11 日，因台风下雨，某工程人工挖孔桩施工停工，天晴雨停后，工人们返回工作岗位进行作业。约 15 时 30 分，又下一阵雨，大部分工人停止作业返回宿舍。25 号和 7 号桩孔因地质情况特殊需继续施工（25 号由江某等两人负责），此时，配电箱进线端电线因无穿管保护，被电箱进口处割破绝缘造成电箱外壳、PE 线、提升机械以及钢丝绳、吊桶带电，江某触及带电的吊桶遭电击，经抢救无效死亡。

事故的直接原因如下：

（1）电源线进配电箱处无套管保护，金属箱体电线进口处也未设护套，使电线磨损破皮。

（2）重复接地装置设置不符合要求，接地电阻达不到规范要求。

（3）电气开关的选用不合理、不匹配，漏电保护装置参数选择偏大、不匹配。

事故的间接原因如下：

（1）现场用电系统的设置未按施工组织设计的要求进行。

（2）现场施工用电管理不健全，用电档案建立不健全。

预防事故的措施如下：

(1) 加强施工现场用电安全管理。

(2) 对现场用电的线路架设、接地装置的设置、电箱漏电保护器的选用要严格按照用电规范进行。

(3) 建立健全施工现场用电安全技术档案，包括用电施工组织设计、技术交底资料、用电工程检查记录、电气设备试验调试记录、接地电阻测定记录和电工工作记录等。

2. 高处坠落事故的急救

(1) 现场急救。对于高处坠落到地面的伤员，应初步检查伤情，不能随便搬动或摇动患者，必须立即向社会医疗机构呼救。如有肢体大量出血，应在保持患者体位不动的情况下采取适当措施及时止血，并进行初步包扎。如果现场确定四肢骨折，应按正确方法及时进行固定。

(2) 伤员搬运

1) 对怀疑有脊柱骨折的患者，在搬运和转送过程中，不能前屈或扭转颈部和躯干，应使脊柱伸直，不得采取一人抱胸、一人扶腿的方法搬运。伤员上下担架应由 3～4 人分别抱头、托胸（肩、臀）、抬胳膊（腿），保持动作一致平稳，避免脊柱弯曲扭动，防止加重伤情。

2) 应对创伤局部做妥善包扎，但对疑似颅底骨折和脱离危险的脑脊液漏患者切忌做填塞，以免导致颅内感染。应及时进行创伤包扎和骨折固定。

3) 对于复合伤患者应平仰卧位，保持呼吸道畅通，解开衣领扣（冬季应采取保暖措施）。

3. 坍塌事故的急救

坍塌伤害是指由于土体塌方、垮塌而造成人员被土石方等物体压埋，发生掩埋窒息或造成人员肢体损伤的事故。现场抢救坍塌事故被埋压的人员时，应注意以下急救要点：

（1）先认真观察事故地点塌方的情况，如发现现场土壁、石壁有再次塌落的危险时，要先维护好土壁、石壁，通过由外向里、边支护边掏洞的办法，小心地把遇险者身上的土、石块搬开，把被埋压者救出来。

（2）先尽早将埋压者头部露出来，立即清除其口腔内的泥土等杂物，保持呼吸道畅通。

（3）如果土、石块较大，无法搬运，可用千斤顶等工具抬起，然后把石块拨开。不得生拉硬拽拖出患者，也不得用镐刨锤打移除大石块。

（4）救出伤员后，应立即判断伤员的伤情，根据实际情况采取正确的急救方法。

（5）在搬运伤员过程中，防止肢体活动，无论有无骨折，均需用夹板固定，将肢体暴露在凉爽的空气中；对于脊椎骨折的患者，避免脊柱弯曲扭动，防止加重伤情。

4. 烧伤事故的救护

火焰、开水、蒸汽、热液体或固体直接接触人体引起的烧伤，都属于热烧伤。热烧伤的救护方法如下：

（1）轻度烧伤尤其是不严重的肢体烧伤，应立即用清水冲洗或将患肢浸泡在冷水中 10 ~ 20 min，如不方便浸泡，可用湿毛巾或布单盖住患部，然后浇冷水，以使伤口尽快冷却降温，减轻损伤。穿着衣服的部位如烧伤严重，不要先脱衣服，否则易使烧伤处的水泡、皮肤一同撕脱，造成伤口创面暴露，增加感染机会。应立即朝衣服上面浇冷水，待衣服局部温度快速下降后，再轻轻脱去衣服或用剪刀剪开，褪去衣服。

（2）若烧伤处已有水泡形成，则不要随便弄破小水泡，大水泡应到医院处理或用消过毒的针刺小孔排出泡内液体，以免影响创面修复，增加感染机会。

（3）烧伤创面一般不做特殊处理，不要在创面上涂抹任何有刺激性的液体或不清洁的粉或油剂，只需保持创面及周围清洁即可。较大面积烧伤用清水冲洗清洁后，最好用干净纱布或布单覆盖创面，并尽快送往医院治疗。

（4）火灾引起烧伤时，伤员着火的衣服应立即脱去，如果一时难以脱下来，可让伤员卧倒在地滚压灭火，或用水浇灭火焰。切勿带火奔跑或用手拍打，否则可能使得火借风势越烧越旺，使手被烧伤。也不可在火场大声呼救，以免导致呼吸道烧伤。要用湿毛巾捂住口鼻，以防烟雾吸入导致窒息或中毒。

5．中毒窒息事故的救护

（1）通风。加强全面通风或局部通风，用大量新鲜空气对中毒区的有毒有害气体浓度进行稀释冲淡，待有害气体浓度降到容许浓度时，方可进入现场抢救。

（2）做好防护工作。救护人员在进入危险区域前必须戴好防毒面具、自救器等防护用品，必要时也应给中毒者戴上。迅速将中毒者从危险的环境转移到安全、通风的地方，如果伤员失去知觉，可将其放在毛毯上提拉，或抓住衣服，头朝前地转移出去。

（3）对于一氧化碳中毒，如果中毒者还没有停止呼吸，则应立即松开中毒者的领口、腰带，使中毒者能够顺畅地呼吸新鲜空气；如果呼吸已停止但心脏还在跳动，则应立即进行人工呼吸，同时针刺人中穴；若心脏跳动也停止了，应迅速进行胸外心脏按压，同时进行人工呼吸。

（4）对于硫化氢中毒者，在进行人工呼吸之前，要用浸透食盐溶液的棉花或手帕盖住中毒者的口鼻。

（5）如果是瓦斯或二氧化碳窒息，情况不太严重时，可把窒息者移到空气新鲜的场所稍作休息；若窒息时间较长，就要进行人工呼吸抢救。

（6）如果毒物污染了眼部和皮肤，应立即用水冲洗；对于口服毒物的中毒者，应设法催吐。简单有效的办法是用手指刺激舌根；若误服腐蚀性毒物，可口服牛奶、蛋清、植物油等对消化道进行保护。

（7）救护中，抢救人员一定要沉着，动作要迅速。对任何处于昏迷状态的中毒人员，必须尽快送往医院进行急救。

[**事故案例**]

由天津某建设工程有限公司承建的西青开发区某通用厂房工程，于2002年10月开工。施工单位在天津地区11月进入冬季时施工，由于该工地冬季施工准备不及时，一直拖延到12月生活区内仍未设置取暖设施。2002年12月4日，有3名作业人员自已在办公室内砌筑暖墙取暖，当晚由于雾大、气压低，办公室又门窗紧闭，导致室内人员一氧化碳中毒，造成3人死亡。

事故的主要原因是该企业管理失控，没有按照建筑施工的特点在进入冬季施工之前统一安排取暖、防中毒、防火等安全措施。该项目经理在指挥生产的同时，未对冬季取暖设施进行考虑和检查，又未对作业人员进入冬季施工应该注意的事项进行交底，已进入12月仍不安排取暖，导致作业人员自己动手随意砌筑取暖设施，最终造成一氧化碳中毒事故。

6. 刺伤、戳伤事故的急救

刺伤、戳伤是指因刀具、玻璃、铁丝、铁钉、铁棍、钢针、钢钎等尖锐物品刺戳所造成的意外伤害。处理戳伤应注意以下急救要点：

（1）对于较轻的刺伤和戳伤，只需进行创口消毒清洗后，用干净的纱布等包扎止血，或就地取材使用代替品初步包扎后再去医院进一步包扎。

（2）对于仍停留在体内的铁钉、铁棍、钢针、钢钎等硬器，不要立即拔出，应用清洁纱布或其他布料（或干净的手绢）按在伤口四周以止血，并妥当地将硬器固定好，防止脱落，尽快将患者送往医院手术取出。

（3）如果刺入伤口的物体较小，可用环形垫或用其他纱布垫在伤口周围。用干净的纱布覆盖伤口，再用绷带加压包扎，但不要压及伤口。如果戳伤比较严重，则应及时送医院救治。

（4）对于刺中腹部导致肠道等内脏脱出来时，不得将脱出的肠道等内脏再送回腹腔内，以免加大感染，可在脱出的肠道上覆盖消毒纱布，再用干净的盆或碗倒扣在伤口上，用绷带或布带进行固定，同时迅速送往医院抢救。

（5）对于施工现场出现的各类刺伤、戳伤等，无论伤口深浅，均应去医院接受注射治疗，防止引起破伤风。

三、常用应急救护技术

1. 常用止血法

（1）止血带止血法。当现场出现有四肢大血管出血，尤其是动脉出血时，应用止血带止血法进行止血。止血带止血法适用范围是：受伤肢体有大而深的伤口，血流速度快；肢体完全断离或部分断离；多处受伤，出血量大或受伤部位能看见喷泉样出血。

救治时，可用橡皮管，也可以用纱布、毛巾、布带或绳子等绕肢体绑扎，打结固定（打结前应注意将伤肢提高，防止瘀血而加快失血），可在结内（或结下）穿一根短木棍，转动木棍，绞紧止血带，直到不再流血为止，不能过紧或过松，然后把木棍固定在肢体上。

止血带不宜直接与伤员的皮肤接触，需要垫上衣服或棉花、纱布等。扎好止血带后，应尽快把伤员送往医院，途中每隔1～2 min要松解一次，然后在另一高位扎紧，保持血液循环。止血带的位置不要离出血点太远，通常绑扎止血带的位置是上臂或大腿上1/3处。

（2）指压止血法。指压止血法是常用的止血方法，在外伤出血时应首先采用。适用范围是：小静脉出血；毛细血管出血；头部、躯体、四肢及身体各部位伤口。如果是动脉出血应与止血带配合使用。一个人负了伤，只要立刻果断地用手指或手掌用力压紧伤口附近靠近心脏一端的动脉跳动处，并把血管紧压在骨头上，就能很快收到临时止血的效果。根据受伤部位的不同，应选择不同的指压点。

1）如果是头后部出血，可在耳后乳突与枕部之间压迫枕动脉止血。如果是头部前半部出血，可在耳前对着下颌关节点压迫颌动脉止血。

2）如果是颈部出血，可在颈部胸锁乳突肌内侧压迫锁骨下动脉止血。如果是面部眼以下及口腔侧出血，可在下颌角前约 2 cm 处的凹内压迫下颌动脉止血。

3）如果是上肢出血，可根据不同的出血部位分别压迫锁骨下动脉、肱动脉、桡动脉或尺动脉止血。

4）如果是下肢出血，可压迫股动脉止血。

2. 人工呼吸

急救采用人工呼吸方法时，应注意以下事项：

（1）使处于昏迷、失去知觉或假死状态的伤员仰卧，迅速解开其围巾、领口、紧身衣扣并放松腰带，颈部下方可以适当垫起以利呼吸畅通，切不可在头部下方垫物。同时，还应再一次检查伤员是否已停止呼吸。

（2）把伤员的头侧向一边，清除口腔中的假牙、血块、黏液等异物。如舌根下陷，应把舌头拉出，使呼吸道畅通。如果伤员牙关紧闭，可用小木片、小金属片等坚硬物品从其嘴角插入牙缝，慢慢撬开嘴巴。

（3）使伤员的头部尽量后仰，鼻孔朝天，下颌尖部与前胸部大体保持在一条水平线上，如图 4—1a 所示。这样，舌根部就不会阻塞气道。

（4）救护人员蹲跪在伤员头部的左侧或右侧，一只手捏紧伤员的鼻孔，另一只手的拇指和食指掰开嘴巴，如图 4—1b 所示。如掰不开伤员的嘴巴，可用口对鼻人工呼吸法，捏紧伤员的嘴巴，紧贴鼻孔吹气。

（5）深吸气后，紧贴掰开的嘴巴吹气，如图 4—1c 所示。吹气时可隔一层纱布或毛巾。吹气时要使伤员的胸部膨胀，每 5 s 一次，每次吹 2 s。

（6）吹气后，应立即离开伤员的口（鼻），并松开伤员的鼻孔（或嘴唇），让其自由呼吸，如图 4—1d 所示。

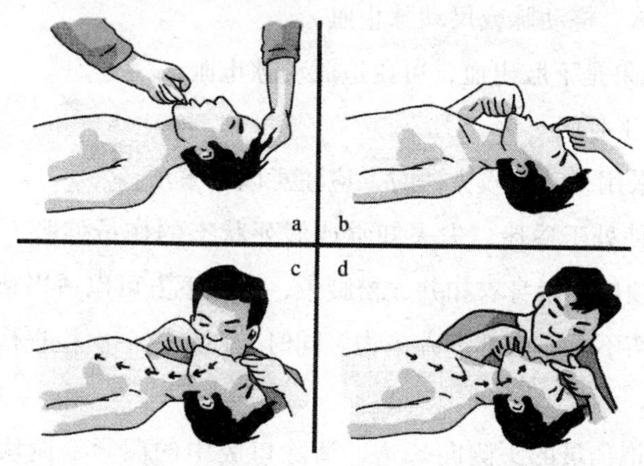

图 4—1　人工呼吸法

（7）在人工呼吸的过程中，若发现伤员有轻微的自然呼吸时，人工呼吸应与自然呼吸的节律相一致。当自然呼吸有好转时，可暂停人工呼吸数秒并密切观察伤员情况。若伤员的自然呼吸仍不能完全恢复，应立即继续进行人工呼吸，直至呼吸完全恢复正常为止。

3．胸外心脏按压

胸外心脏按压法（见图 4—2）的基本要领有以下几点：

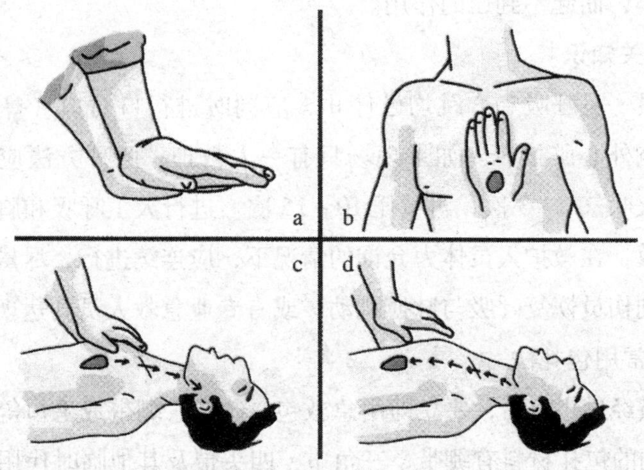

图 4—2　胸外心脏按压法

（1）使伤员仰卧在比较坚实的地面或地板上，解开伤员的衣服，清除其口内异物，然后进行急救。

（2）救护人员蹲跪在伤员腰部一侧，或跨腰跪在其腰部。将掌根部放在被救护者胸骨下 1/3 的部位，即把中指尖放在其颈部凹陷的下边缘，手掌的根部就是正确的压点。

（3）救护人员两臂肘部伸直，掌根略带冲击地用力垂直下压，压陷深度为 3 ~ 5 cm。成人每秒钟按压一次，太快和太慢效果都不好。

（4）按压后，掌根迅速全部放松，让伤员胸部自动复原。放松时掌根不必完全离开胸部。

按以上步骤连续不断地进行操作，每秒钟一次。按压时定位必须准确，压力要适当，不可用力过大过猛，以免挤压出胃中的食物，堵塞气管，影响呼吸，或造成肋骨折断、气血胸和内脏损伤等。也不能用力过小，而起不到压的作用。

［相关知识］

伤员一旦呼吸和心跳均已停止，应同时进行口对口（鼻）人工呼吸和胸外心脏按压。如果现场只有一人救护，两种方法应交替进行，每次吹气 2～3 次，再按压 10～15 次。进行人工呼吸和胸外心脏按压急救，在救护人员体力允许的情况下，应连续进行，尽量不要停止，直到伤员恢复呼吸与脉搏跳动，或有专业急救人员到达现场。

4. 常用包扎法

伤员经过止血后，要立即用急救包、纱布、绷带或毛巾等包扎起来。常用的包扎材料有绷带、三角巾、四头带及其他临时代用品（如干净的手帕、毛巾、衣物、腰带、领带等）。绷带包扎一般用于受伤的肢体和关节，固定敷料或夹板和加压止血等。三角巾包扎主要用于包扎、悬吊受伤肢体，固定敷料，固定骨折等。常用的包扎法如下：

（1）头顶式包扎法。外伤在头顶部可用此法。如图 4—3 所示，把三角巾底边折叠两指宽，中央放在前额，顶角拉向后脑，两底角拉紧，经两耳上方绕到头的后枕部，并压着顶角，再交叉返回前额打结。如果没有三角巾，也可改用毛巾。先将毛巾横盖在头顶上，前两角反折后拉到后脑打结，后两角各系一根布带，左右交叉后绕到前额打结。

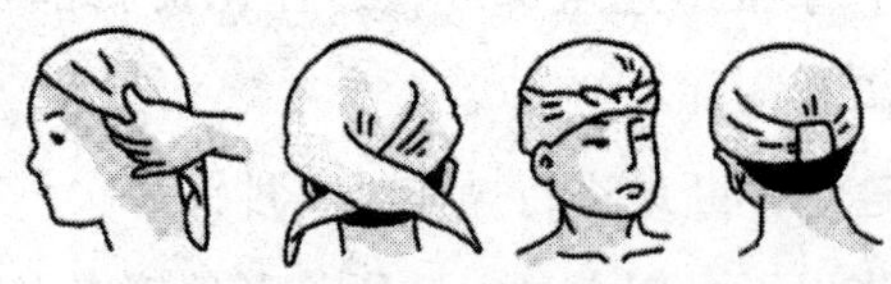

图 4—3　头顶式包扎法

（2）单眼包扎法。如果眼部受伤，可将三角巾折成四指宽的带形，斜盖在受伤的眼睛上。三角巾长度的1/3 向上，2/3 向下。其下部的一端从耳下绕到后脑，再从另一只耳上绕到前额，压住眼上部的一端，然后将上部的一端向外翻转，向脑后拉紧，与另一端打结，如图 4—4 所示。

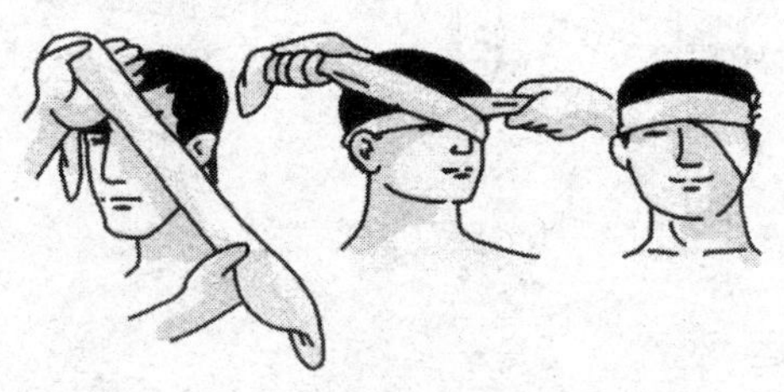

图 4— 4　单眼包扎法

（3）三角形上肢包扎法。如果伤员的上肢受伤，可把三角巾的一底角打结后套在受伤的那只手臂的手指上，把另一底角拉到对侧肩上，用顶角缠绕上臂，并用顶角上的小布带包扎。然后将受伤的前臂弯曲到胸前，呈近直角形，最后把两底角打结，如图 4—5 所示。

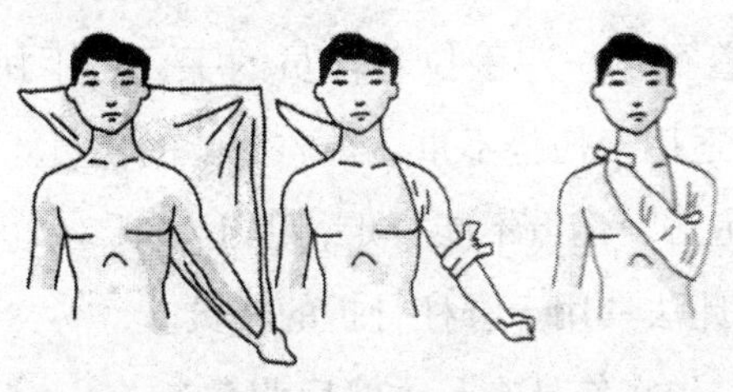

图 4—5　三角形上肢包扎法

（4）膝（肘）带式包扎法。根据伤肢的受伤情况，把三角巾折成适当宽度，呈带状，然后把它的中段斜放在膝（肘）的伤处，两端拉向膝（肘）后交叉，再缠绕到膝（肘）前外侧打结固定，如图4—6所示。

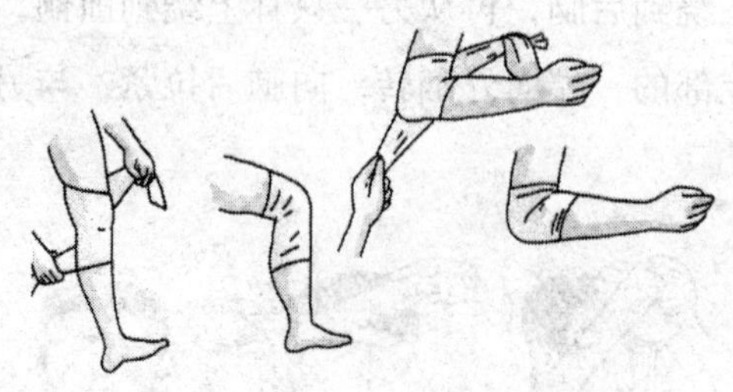

图4—6　膝（肘）带式包扎法

5．伤员搬运

在对伤员急救之后，就要把伤员迅速地送往医院。此时，正确地搬运伤员是非常重要的。如果搬运不当，可使伤情加重，严重时还可能造成神经、血管损伤，甚至瘫痪，难以治疗。因此，对伤员的搬运应十分小心。

（1）如果伤员伤势不重，可采用扶、掮、背、抱的方法将伤员运走。

1）单人扶着行走。左手拉着伤员的手，右手扶住伤员的腰部，慢慢行走。此法适用于伤势不重、神志清醒的伤员。

2）肩膝手抱法。伤员不能行走，但上肢还有力量，可让伤员勾在搬运者颈上。此法禁用于脊柱骨折的伤员。

3）背驮法。先将伤员支起，然后背着走。

4）双人平抱着走。两个搬运者站在同侧，抱起伤员走。

（2）针对不同伤情，应采用不同的搬运法。

1）脊柱骨折伤员的搬运。对于脊柱骨折的伤员，一定要用木板做的硬担架抬运。应由2～4人搬运，使伤员呈一线起落，步调一致。切忌一人抬胸，一人抬腿。将伤员放到担架上以后，要让其平卧，腰部垫一个靠垫，然后用3～4根皮带把伤员固定在木板上，以免在搬运中滚动或跌落，造成脊柱移位或扭转，刺激血管和神经，使下肢瘫痪。无担架、木板，需众人用手搬运时，抢救者必须有一人双手托住伤者腰部，切不可单独一人用拉、拽的方法抢救伤者，否则易把伤者的脊柱神经拉断，造成下肢永久性瘫痪的严重后果。

2）颅脑伤昏迷者的搬运。要两人以上搬运，重点保护头部。将伤员放到担架上，采取半卧位，头部侧向一边，以免呕吐物阻塞气道而窒息。如有暴露的脑组织，应加以保护。抬运前，头部给以软枕，膝部、肘部应用衣物垫好，头颈部两侧垫衣物，以使颈部固定，防止来回摆动。

3）颈椎骨折伤员的搬运。搬运时，应由一人稳定头部，其他人以协调力量将其平直抬到担架上，头部左右两侧用衣物、软枕加以固定，防止左右摆动。

4）腹部损伤者的搬运。严重腹部损伤者，多有腹腔脏器从伤口脱出，可采用布带、绷带做一个略大的环圈盖住加以保护，然后固定。搬运时采取仰卧位，并使下肢屈曲，防止腹压增加而使肠管继续脱出。

第五章 职业健康知识

第一节 职业危害与职业病基础知识

一、职业危害因素的分类

职业危害因素，也称职业病危害因素或职业性有害因素，是指在生产过程中、劳动过程中、作业环境中存在的各种有害的化学、物理、生物因素以及在作业过程中产生的其他危害劳动者健康，能导致职业病的有害因素。职业危害因素按照来源可以分为以下三类。

1. 生产过程中的职业危害因素

（1）化学因素。包括生产性粉尘和化学有毒物质。生产性粉尘有矽尘、煤尘、石棉尘、电焊烟尘等，化学有毒物质有铅、汞、锰、苯、一氧化碳、硫化氢、甲醛、甲醇等。

（2）物理因素。例如噪声、振动、辐射、异常气象条件（高温、高湿、低温、高气压）等。

（3）生物因素。例如附着于皮毛上的炭疽杆菌、甘蔗渣上的真菌，医务工作者可能接触到的生物传染性病原物等。

2. 劳动过程中的职业危害因素

（1）劳动组织和劳动制度不合理，如劳动时间过长、轮班制度不合理等。

（2）劳动中精神过度紧张。

（3）劳动强度过大或劳动安排不当，如安排的作业与劳动者的生理状况不相适应、超负荷加班加点等。

（4）机体过度疲劳，如光线不足引起的视力疲劳等。

（5）长时间处于某种不良体位或使用不合理的工具等。

3. 生产环境中的职业危害因素

（1）生产场所设计不符合卫生标准或要求，如厂房布局不合理、有毒和无毒工序安排在一起等。

（2）缺乏必要的卫生技术设施，如没有通风换气、防尘、防毒、防噪声等设备。

（3）安全防护设备和个人防护用品装备不全。

在实际的生产场所中，职业危害因素往往不是单一存在的，而是多种因素同时对劳动者的健康产生作用，此时危害更大。

二、建筑企业的职业危害因素

建筑企业的职业危害因素主要有以下几种。

1. 粉尘

建筑企业在施工过程中产生多种粉尘，主要包括矽尘、水泥尘、电焊尘、石棉尘以及其他粉尘等。产生这些粉尘的作业如下：

（1）矽尘。挖土机、推土机、铺路机、压路机、钻孔机、凿岩机、碎石设备作业；挖方工程、土方工程、地下工程、竖井和隧道掘进作业；爆破作业；喷砂除锈作业；旧建筑物的拆除和翻修作业。

（2）水泥尘。水泥运输、储存和使用。

（3）电焊尘。电焊作业。

（4）石棉尘。保温工程、防腐工程、绝缘工程作业；旧建筑物的拆除和翻修作业。

（5）其他粉尘。木材加工产生木尘；钢筋、铝合金切割产生金属尘；装饰作业使用腻子粉产生混合粉尘；使用石棉代用品产生人造玻璃纤维、岩棉、渣棉粉尘。

2．噪声

建筑企业在施工过程中产生的噪声，主要是机械性噪声和空气动力性噪声。产生噪声的作业如下：

（1）机械性噪声。凿岩机、钻孔机、打桩机、挖土机、推土机、自卸车、起重机、混凝土搅拌机、传输机等作业；混凝土破碎机、碎石机、压路机、移动沥青铺设机等作业；混凝土振动棒、电动圆锯、刨板机、金属切割机、电钻、磨光机、射钉枪类工具等作业；构架、模板的装卸、安装、拆除、清理、修复以及建筑物拆除作业等。

（2）空气动力性噪声。通风机、鼓风机，空气压缩机、铆枪等作业；爆破作业；管道吹扫作业等。

3．高温

建筑施工活动多为露天作业，夏季受炎热气候影响较大，少数施工活动存在热源（如沥青制备、焊接、预热等)，因此建筑施工活动存在不同程度的高温危害。

4．振动

部分建筑施工活动存在局部振动和全身振动危害。产生局部振动的作业主要有：混凝土振动棒、凿岩机、风钻、射钉枪类、电钻、电锯、砂轮磨光机等手动工具作业；产生全身振动的作业，主要有挖土机、推土机、刮土机、移动沥青铺设机和铺路机、压路机、打桩机等施工机械以及运输车辆作业。

5. 化学毒物

建筑施工活动可产生多种化学毒物，主要包括以下几种。

（1）爆破作业产生氮氧化物、一氧化碳等有毒气体。

（2）油漆、防腐作业产生苯、甲苯、二甲苯、四氯化碳、酯类、汽油等有机蒸气，以及铅、汞、镉、铬等金属毒物；防腐作业产生沥青烟。

（3）涂料作业产生甲醛、苯、甲苯、二甲苯、游离甲苯二异氰酸酯以及铅、汞、镉、铬等金属毒物。

（4）建筑物防水工程作业产生沥青烟、煤焦油、甲苯、二甲苯等有机溶剂，以及石棉、阴离子再生乳胶、聚氯酯、丙烯酸树脂、聚氯乙烯，环氧树脂、聚苯乙烯等化学品。

（5）路面敷设沥青作业产生沥青烟等。

（6）电焊作业产生锰、镁、铬、镍、铁等金属化合物，氮氧化物、一氧化碳、臭氧等。

6. 其他因素

许多建筑施工活动还存在紫外线作业、电离辐射作业、高气压作业、低气压作业、低温作业、生物因素等影响。

三、建筑企业的职业病种类

2013 年 12 月，国家卫生计生委、安全监管总局、人力资源社会保障部和全国总工会联合组织对职业病的分类和目录进行了调整，公布了《职业病分类和目录》，包括十大类132种。与建筑企业有关的职业病主要有以下几种。

1．尘肺病

（1）矽肺（石工、风钻工、炮工、出渣工等）。

（2）石棉肺（保温及石棉瓦拆除）。

（3）水泥尘肺（水泥库工、装卸工）。

（4）铝尘肺（铝制品加工）。

（5）电焊工尘肺（电焊、气焊）。

（6）铸工尘肺（浇铸工）。

2．职业性化学中毒

（1）铅及其化合物中毒（油漆、喷漆等）。

（2）锰及其化合物中毒（电焊）。

（3）二氧化硫中毒（酸洗、硫酸除锈、电镀）。

（4）一氧化碳中毒（煤气管道修理、冬期取暖、电焊）。

（5）硫化氢中毒（下水道作业）。

（6）四乙基铅中毒（含铅油库、驾驶、汽修）。

（7）苯中毒（油漆、喷漆、烤漆、浸漆）。

（8）甲苯中毒（油漆、喷漆、烤漆、浸漆）。

（9）二甲苯中毒（油漆、喷漆、烤漆、浸漆）。

（10）汽油中毒（驾驶、汽修、机修、油库工等）。

（11）氯乙烯中毒（粘接、塑料、制管、焊接、玻纤瓦）。

（12）苯的氨基及化合物（不包括三硝基甲苯）中毒。

（13）三硝基甲苯中毒（放炮、装炸药）。

3．物理因素所致职业病

（1）中暑（夏天高温作业、锅炉工等）。

（2）减压病（潜水作业、沉箱作业）。

（3）高原病（高原作业）。

（4）手臂振动病（制管、振动棒、风铆、电钻、校平）。

4．职业性皮肤病

（1）接触性皮炎（油漆、酸碱）。

（2）光敏性皮炎（沥青、煤焦油）。

（3）电光性皮炎（紫外线）。

（4）黑变病（沥青熬炒）。

5．职业性眼病

（1）化学性眼部烧伤（酸、碱、油漆）。

（2）电光性眼炎（紫外线、电焊）。

（3）职业性白内障（含放射性白内障、三硝基甲苯白内障）。

6．职业性耳鼻喉口腔疾病

（1）噪声聋（铆工、校平、气锤）。

（2）铬鼻病（电镀作业）。

7．职业性肿瘤

（1）石棉所致肺癌、间皮癌（保暖工及石棉瓦拆除）。

（2）苯所致白血病（接触苯及其化合物油漆、喷漆）。

（3）六价铬化合物所致肺癌（电镀作业）。

8．其他职业病

（1）化学性皮肤灼伤（沥青、强酸、强碱、煤焦油）。

（2）金属烟热（锰烟、电焊镀锌管、熔铅锌）。

（3）哮喘（接触易过敏的土漆、樟木、苯及其化合物）。

［事故案例］

2004 年 3 月 14 日，常熟市某建材有限公司发生一起因吸入铅烟尘引起慢性中毒的事故。2004 年 3 月 7 日，该公司因热浸镀锌钢卷生产线铅槽有铅渗漏而进行检修，由 10 名作业工人分日夜两班轮流对铅槽底渗出的铅用机械方法清理，作业时间每班 8 h。作业过程中，为了加快清理进度，从 2004 年 3 月 10 日开始，工人改变作业方法，改用氧气切割的方法清除铅块。4 天后，作业工人中有 4 人出现头晕乏力、周身不适，恶心呕吐、腹部不适等症状，立即被送往市第二人民医院进行对症治疗和临床医学观察。经检测，有 7 名工人尿铅超过职业接触限值 0.07 mg/L，最大尿铅测得值为 0.54 mg/L，其中有 4 名患者尿铅检测指标达到并超过诊断值 0.12 mg/L，且出现明显的临床症状，经过综合分析，确诊为职业性慢性轻度铅中毒。

铅是一种银白色略带蓝色的软金属，熔点 327℃，加热至 400 ~ 500℃时，即有大量铅蒸气逸出，在空气中氧化并凝集为铅烟。本次中毒事故是作业工人违反操作规程用氧气风枪切割铅块，在切割过程中，使空气中凝集大量的含铅化合物烟尘，再加上没有使用防护用具，导致作业工人吸入烟尘中毒。

四、职业卫生法律法规

我国职业卫生法律法规体系包括法律、行政法规、地方性法规、部门规章、规范性文件和标准，如图 5—1 所示。

五、导致职业病发病的因素

职业病的发生不仅与职工接触的职业危害因素的种类、性质、浓

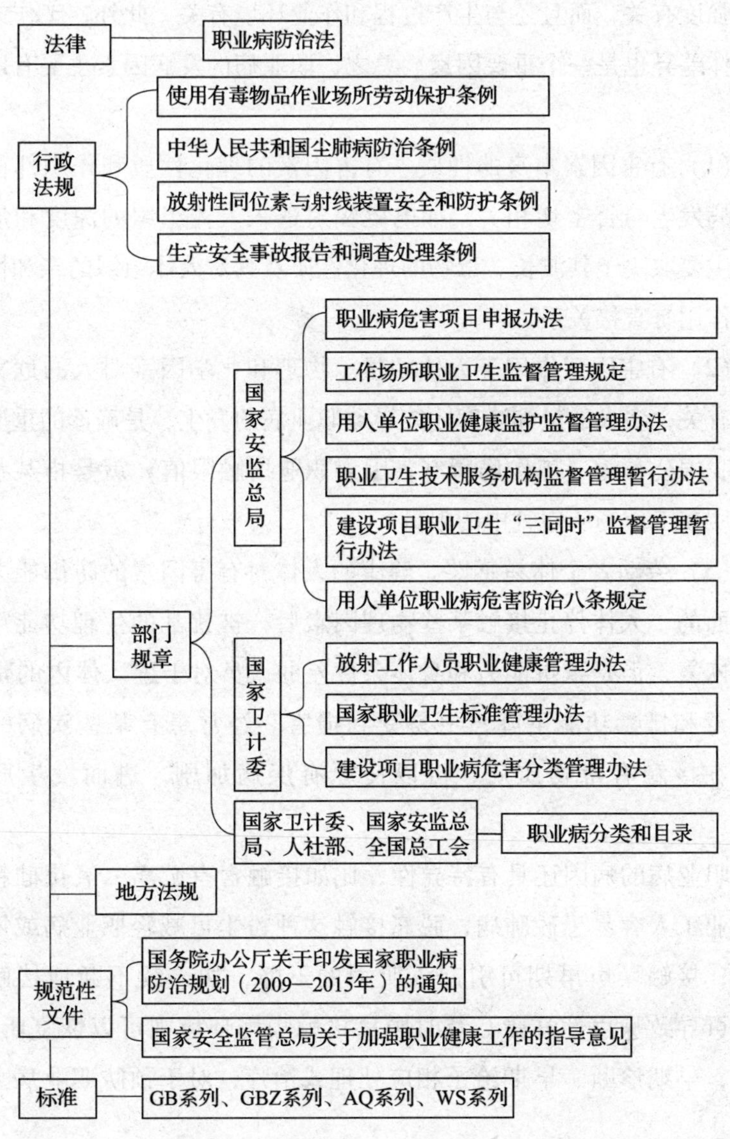

图 5—1　我国职业卫生法律法规体系

度或强度有关，而且还与生产过程和作业环境有关。此外，工作人员的个体差异也是一个重要因素。总之，职业病的发病因素主要有以下3项：

(1) 有害因素本身的性质。有害因素的理化性质和作用部位与职业病发生与否密切相关，如电磁辐射透入人体组织的深度和危害性，主要取决于其波长。毒物的理化性质及其对人体组织的亲和性与毒性作用有直接关系。

(2) 有害因素作用于人体的量。物理和化学因素对人的危害都与量有关，多大的量和浓度才能导致职业病的发生，是确诊的重要参考。我国公布的《工作场所有害因素职业接触限值》就是指某些化学物质在工作场所空气中的限量。

(3) 劳动者个体易感性。健康的人体对有害因素的防御能力是多方面的，人体停止接触某些物理因素后，被扰乱的生理功能可以逐步恢复，但是抵抗能力和身体条件差的人员对于进入体内的毒物的解毒和排毒功能下降，更易受到损害。经常患有某些疾病的工人，在接触有毒物质后，可以使原有疾病加剧，进而发生职业病。

职业病的病因还具有特异性，比如接触含有游离二氧化硅粉尘的作业工人容易患矽肺病，脱离接触这种粉尘可减轻职业病或恢复健康；接触噪声早期可引起人听力的下降，如连续不断地接触噪声，可导致噪声性耳聋，及时脱离接触噪声环境则可以恢复听力。因此，早期诊断、早期给予相应处理或治疗，对于预防职业病意义重大。

第二节　职业危害的预防

一、生产性粉尘的危害

生产性粉尘是指在生产中形成的、能较长时间漂浮在作业场所空气中的固体颗粒，其粒径多在0.1～10 μm。

1．生产性粉尘的危害类别

生产性粉尘进入人体后，根据其性质、沉积的部位和数量的不同，可引起不同的病变，就其病理性质可概括为以下几种：

（1）尘肺，例如矽尘、水泥尘、电焊尘。

（2）全身中毒性，例如铅、锰、砷化物等粉尘。

（3）局部刺激性，例如生石灰、漂白粉、水泥等粉尘。

（4）光感应性，例如沥青粉尘。

（5）感染性，例如破烂布屑、兽毛等粉尘有时附有病原菌。

（6）致癌性，例如铬、镍、砷、石棉及某些光感应性和放射性物质的粉尘。

生产性粉尘引起的职业病中，以尘肺最为严重。

[事故案例]

2003年年初，贵州省湄潭县有200余人到福建仙游打工，主要从事石英破碎、筛分等工作，接触游离二氧化硅含量高达90%以上的石英粉尘。对其中86名湄潭西河乡返乡民工进行体检，共查出矽肺病患者46人，检出率为53.5%，死亡18人。

2．粉尘的容许浓度

根据《工作场所有害因素职业接触限值第1部分：化学有害因

素》（GBZ 2.1—2007）规定，工作场所空气中部分粉尘的容许浓度见表5—1。

表5—1　　工作场所空气中部分粉尘容许浓度

名称	PC－TWA（mg/m^3）	
	总尘	呼尘
石灰石粉尘	8	4
水泥粉尘（游离 SiO_2 含量＜10%）	4	1.5
矽尘		
10%≤游离 SiO_2 含量≤50%	1	0.7
50%＜游离 SiO_2 含量≤80%	0.7	0.3
游离 SiO_2 含量＞80%	0.5	0.2

二、粉尘危害的预防措施

1．综合防尘措施

综合防尘措施可概括为八个字，即“革、水、密、风、护、管、教、查”。

“革”：工艺改革。以低粉尘、无粉尘物料代替高粉尘物料，以不产尘设备、低产尘设备代替高产尘设备，这是减少或消除粉尘污染的根本措施。

“水”：湿式作业。可以有效地防止粉尘飞扬。例如喷雾洒水、铸造业的湿砂造型等。

“密”：密闭尘源。使用密闭的生产设备或者将敞口设备改成密闭设备，这是防止和减少粉尘外逸、治理作业场所空气污染的重要措施。

“风”：通风排尘。受生产条件限制，设备无法密闭或密闭后仍有粉尘外逸时，要采取通风措施，将产尘点的含尘气体直接抽走以确保作业场所空气中的粉尘浓度符合国家卫生标准。

“护”：防护措施。受生产条件限制，在粉尘无法控制或高浓度粉尘条件下作业时，必须合理、正确地使用防尘口罩、防尘服等个人防护用品。

“管”：加强管理。领导要重视防尘工作，要改善防尘设施，加强维护管理，确保设备的良好、高效运行。

“教”：宣传教育。加强防尘工作的宣传教育，普及防尘知识，使接触粉尘者对粉尘危害有充分的了解和认识。

“查”：定期检查。定期对接触粉尘人员进行健康检查；对于从事特殊作业的人员，应发放保健津贴；有作业禁忌证的人员，不得从事接触粉尘的作业。

2．建筑企业的防尘措施

（1）技术革新。采取不产生或少产生粉尘的施工工艺、施工设备和工具，淘汰粉尘危害严重的施工工艺、施工设备和工具。

（2）采用无危害或危害较小的建筑材料。如不使用石棉或含有石棉的建筑材料。

（3）采用机械化、自动化或密闭隔离操作。如挖土机、推土机、铺路机、压路机等施工机械的驾驶室或操作室密闭隔离，并在进风口设置滤尘装置。

（4）采取湿式作业。凿岩作业采用湿式凿岩机；爆破采用水封爆破；喷射混凝土采用湿喷；钻孔采用湿式钻孔；场地平整时，配备洒水车，定时喷水；拆除作业时采用湿法作业拆除、装卸和运输含有石棉的建筑材料。

（5）设置局部防尘设施和净化排放装置。如焊枪配置带有排风罩的小型烟尘净化器，凿岩机、钻孔机等设置捕尘器。

（6）劳动者作业时应在上风向操作。

（7）根据粉尘的种类和浓度为劳动者配备合适的呼吸防护用品，并定期更换。呼吸防护用品的配备应符合《呼吸防护用品的选择、使用与维护》（GB/T 18664—2002）的要求，如在建筑物拆除作业中，可能接触含有石棉的物质（如石棉水泥板或石棉绝缘材料），应为接触石棉的劳动者配备正压呼吸器、防护板；在罐内焊接作业时，劳动者应佩戴送风头盔或送风口罩。

三、生产性毒物的危害

1. 毒物的危害性

由于接触生产性毒物引起的中毒，称为职业中毒。生产性毒物可作用于人体的多个系统，表现在以下几个方面。

（1）神经系统。铅、锰中毒可损伤运动神经、感觉神经，引起周围神经炎。重症中毒时可发生脑水肿。

（2）呼吸系统。一次性大量吸入高浓度的有毒气体可引起窒息；长期吸入刺激性气体能引起慢性呼吸道炎症，可出现鼻炎、咽炎、支气管炎等上呼吸道炎症；长期吸入大量刺激性气体可引起严重的呼吸道病变，如化学性肺水肿和肺炎。

（3）血液系统。铅可引起低血色素贫血，苯及三硝基甲苯等毒物可抑制骨髓的造血功能，表现为白细胞和血小板减少，严重者可发展为再生障碍性贫血。一氧化碳可与血液中的血红蛋白结合形成碳氧血红蛋白，使人体组织缺氧。

（4）消化系统。汞盐、砷等毒物经口大量进入人体时，可出现腹痛、恶心、呕吐与出血性肠胃炎。铅及铊中毒时，可出现剧烈的持续性的腹绞痛，并有口腔溃疡、牙龈肿胀、牙齿松动等症状。长期吸入酸雾，可使牙釉质破坏、脱落。四氯化碳、溴苯、三硝基甲苯等可引起急性或慢性肝病。

（5）泌尿系统。汞、砷化氢、乙二醇等可引起中毒性肾病，如急性肾功能衰竭、肾病综合征和肾小管综合征等。

（6）其他。生产性毒物还可引起皮肤、眼睛、骨骼病变。许多化学物质可引起接触性皮炎、毛囊炎。接触铬、铍的工人皮肤易发生溃疡。长期接触焦油、沥青、砷等，可引起皮肤黑变病，甚至诱发皮肤癌。酸、碱等腐蚀性化学物质可引起刺激性眼结膜炎或角膜炎，严重者可引起化学性灼伤。

[相关知识]

室内环境专家提醒人们，现代人正进入以“室内空气污染”为标志的第三个污染时期。上海市有多例婴幼儿因住进刚装修好的房屋而导致白血病的报道；北京市也有报道，发现两例由于家庭装修而引发畸形婴儿出生。据美国环境保护局（EPA）估计，美国每年大约有2 000 名肺癌死亡者与建筑和装饰材料中含有的氡辐射有关。另据世界银行的一份调查研究表明，我国目前每年由于建筑和装饰材料导致室内空气污染对人体伤害造成的损失，如果按支付意愿估计价值，约为 106 亿美元。

2．毒物侵入人体的途径

生产性毒物进入人体的途径主要有呼吸道、皮肤和消化道。

（1）呼吸道。这是最常见和主要的途径，呈气体、气溶胶（粉尘、烟、雾）状态的毒物均可经呼吸道进入人体，其主要部位是支气管和肺泡。一般空气中的毒物浓度越高，粉尘状毒物粒子越小，毒物在体液中的溶解度越大，经呼吸道吸收的速度就越快。

（2）皮肤。在生产中，毒物经皮肤吸收而中毒者也较为常见。某些毒物可透过完整的皮肤进入体内。皮肤有病损时，不能经完整皮肤吸收的毒物，也能大量吸收。除毒物本身的化学特性外，毒物的浓度和黏稠度，皮肤接触的面积、部位，外界的气温、湿度等也会影响皮肤的吸收。

（3）消化道。在生产环境中，单纯从消化道吸收而引起中毒的机会比较少见。往往是由于手被毒物污染后，又直接用污染的手拿食物吃，从而造成毒物随食物进入消化道。有的毒物，如氰化氢，在口腔内即可经黏膜吸收。

［**相关知识**］

建筑装修材料中的有毒物质多达千种，其中对人体健康危害最大的是甲醛、苯、氨、总挥发性有机化合物（TVOC）、氡等。

甲醛的主要来源有用作室内装修的胶合板、细木工板、中密度纤维板和刨花板等人造板材，化学地毯、泡沫塑料、涂料、黏合剂等；苯在各种建筑装修材料的有机溶剂中大量存在，如各种油漆的添加剂和稀释剂，苯也用作装饰材料、人造板家具的溶剂；氨的污染源主要来自建筑本身，即建筑施工中使用的混凝土外加剂和以氨水为主要原料的混凝土防冻剂；总挥发性有机化合物污染源主要有人造板、泡沫隔热材料、塑料板材、壁纸、纤维材料等；氡有放射性，是镭、钍等元素放射性蜕变的产物，主要来自建筑装修材料中某些混凝土和天然石材，如石材、瓷砖、卫生洁具、墙砖等材料。

3．毒物的职业接触限值

国家标准《工作场所有害因素职业接触限值第 1 部分：化学有害因素》（GBZ 2. 1—2007）中，规定了 330 种化学有害因素的职业接触限值。化学因素的职业接触限值可分为时间加权平均容许浓度、最高容许浓度和短时间接触容许浓度 3 类。时间加权平均容许浓度是指以时间为权数规定的 8 h 工作日的平均容许接触水平；最高容许浓度是指工作地点、在一个工作日内、任何时间不应超过的有毒化学物质的浓度；短时间接触容许浓度是指一个工作日内，任何一次接触不得超过 15 min 时间加权平均的容许浓度接触水平。

工作场所空气中部分化学物质容许浓度见表 5—2。

表 5—2　　工作场所空气中部分化学物质容许浓度

名称	职业接触限值（mg/m³）		备注
	最高容许浓度	时间加权平均容许浓度	短时间接触容许浓度（mg/m³）
二氧化硫		5	10
甲醛	0. 5		
硫化氢	10		
苯		6	10

四、建筑企业预防中毒的措施

（1）优先应用无毒建筑材料，用无毒材料替代有毒材料，用低毒材料替代高毒材料，如尽可能选用无毒水性涂料；不得使用国家明令禁止使用或者不符合国家标准的有毒化学品，禁止使用含苯的涂料、稀释剂和溶剂；尽可能减少有毒物品的使用量。

（2）尽可能采用可降低工作场所化学毒物浓度的施工工艺和施工技术，使工作场所的化学毒物浓度符合《工作场所有害因素职业接触限值第1部分：化学有害因素》（GBZ 2.1—2007）的要求。在高毒作业场所尽可能使用机械化、自动化或密闭隔离操作，使劳动者不接触或少接触高毒物品。

（3）设置有效的通风装置。在使用有机溶剂、稀料、涂料或挥发性化学物质时，应当设置全面通风或局部通风设施，保证足够的新风量。

（4）使用有毒化学品时，劳动者应正确使用施工工具，在作业点的上风向施工。分装和配制油漆、防腐、防水材料等挥发性有毒材料时，尽可能采用露天作业，并注意现场通风。工作完毕后，有机溶剂、涂料容器应及时加盖封严，防止有机溶剂的挥发。使用过的有机溶剂和其他化学品应进行回收处理，防止乱丢乱弃。

（5）使用有毒物品的工作场所应设置黄色区域警示线、警示标识和中文警示说明。警示说明应载明产生职业中毒危害的种类、后果、预防以及应急救援措施等内容。使用高毒物品的工作场所应当设置红色区域警示线、警示标识和中文警示说明，并设置通信报警设备，设置应急撤离通道。

（6）存在有毒化学品的施工现场附近应设置盥洗设备，配备个人专用更衣箱；使用高毒物品的工作场所还须设置淋浴间，工作服、工作鞋帽必须存放在高毒作业区域内；接触经皮肤吸收局部作用危险性大的毒物，应在工作岗位附近设置应急洗眼器和沐浴器。

（7）接触有毒化学品的劳动者，应当配备有效的防毒口罩（或防毒面具）、防护服、防护手套和防护眼镜。

(8) 拆除使用防虫、防蛀、防腐、防潮等化学物（如有机氯666、汞等）的旧建筑物时，应采取有效的个人防护措施。

(9) 应对接触有毒化学品的劳动者进行职业卫生培训，使劳动者了解所接触化学品的毒性、危害后果，以及防护措施。从事高毒物品作业的劳动者应当经培训考核合格后，方可上岗作业。

(10) 项目经理部应定期对工作场所的重点化学毒物进行检测、评价。

[事故案例]

2002 年 7 月 20 日凌晨，北京市安外 501 号楼工地发生一起防水涂料作业工人中毒事故，共有 19 人中毒，2 人死亡。

501 号楼工地现场作业部分是给大楼地基墙体做防水处理。7 月 19 日 22 时 30 分，5 名施工人员用原粉加烯料配制防水涂料，并开始自下而上手工涂刷水泥基墙外壁。20 日凌晨 2 时左右，巡查工人发现基槽中情况异常，有人昏倒，其中 2 人已经死亡。工地负责人闻讯赶来组织抢救工作。救援工作持续十多分钟，参加抢救的人员相继出现头昏、恶心、无力等中毒现象。20 日下午和 21 日，有关部门组成联合调查组到现场取样、调查。检测结果显示，中毒事件发生后 15 h 和 36 h，基槽底部的苯含量分别超过国家最高容许浓度的 14.7 倍和 1.5 倍，甲苯也超过国家标准，二氧化碳浓度正常，从而证实此事件是一起以苯为主的苯系物有机溶剂中毒。

五、噪声的危害及预防控制

对人体有害的，人们不需要的一切声音都是噪声。在生产过程中，机器转动、气体排放、工件撞击与摩擦所产生的噪声，称为生产性噪声或工业噪声。

1．生产性噪声的分类

生产性噪声按其声音的来源可分为以下三类。

（1）空气动力噪声。由于气体压力变化引起气体扰动，气体与其他物体相互作用所致。如各种风机、空气压缩机、风动工具、汽轮机等，是由压力脉冲和气体排放发出的噪声。

（2）机械性噪声。机械撞击、摩擦或质量不平衡旋转等机械力作用下引起固体部件振动所产生的噪声。如各种车床、电锯、电刨、砂轮机等发出的噪声。

（3）电磁噪声。由于磁场脉冲，磁致伸缩引起电气部件振动所致。如电磁式振动台和振荡器、大型电动机、发电机和变压器等产生的噪声。

2．噪声对人体的危害

噪声对人体的影响是全身心、多方面的。噪声会妨碍人们的正常工作和休息。在噪声环境中工作，人容易感觉疲乏、烦躁，以及注意力不集中、反应迟钝、准确性降低等。噪声可直接影响作业能力和效率。由于噪声掩盖了作业场所的危险信号或警报，使人不易察觉到危险的来临，往往还会导致工伤事故的发生。长期接触强烈噪声会对人体以下几个系统产生有害影响。

（1）听力系统。噪声的有害作用主要表现在对听力系统的损害上。强噪声作用可导致人永久性的听力下降，引起噪声聋；极强噪声可导致听力器官发生急性外伤，即爆震性聋。

（2）神经系统。长期接触噪声可导致大脑皮层兴奋和抑制功能的平衡失调，出现头痛、头晕、心悸、耳鸣、疲劳、睡眠障碍、记忆力减退、情绪不稳定、易怒等症状。

(3) 其他系统。长期接触噪声可引起其他系统的应激反应，如可导致心血管系统疾病加重，引起肠胃功能紊乱等。

3. 建筑企业噪声的预防控制

建筑企业噪声的预防控制主要应从三个方面着手：消除和减弱生产中的噪声源，控制噪声的传播，加强个人防护和卫生保健措施。

(1) 消除和减弱生产中的噪声源。这是防止噪声危害的根本措施，尽量选用低噪声施工设备和施工工艺代替高噪声施工设备和施工工艺。

(2) 控制噪声的传播。对高噪声施工设备采取隔声、消声、隔振降噪等措施，尽量将噪声源与劳动者隔开。如在气动机械、混凝土破碎机上安装消音器，机器运行时应关闭机盖（罩），相对固定的高噪声设施（如混凝土搅拌站）设置隔声控制室。尽可能减少高噪声设备作业点的密度。

(3) 加强个人防护和卫生保健措施。噪声超过 85 dB（A）的施工场所，应为劳动者配备有足够衰减值、佩戴舒适的护耳器，减少噪声作业时间，实施听力保护计划。接触噪声的人员应定期进行体检，以听力检查为重点，对于已出现听力下降的人员，应加以治疗和加强观察，严重者应调离噪声作业岗位。有明显的听觉器官疾病、心血管病、神经系统器质性疾病者，不得参加接触强烈噪声的工作。

[相关知识]

国家标准《工作场所有害因素职业接触限值第 2 部分：物理因素》（GBZ 2. 2—2007）中规定，每周工作 5 天，每天工作 8 h，工作场所稳态噪声限值为 85 dB（A），非稳态噪声等效声级的限值为 85 dB（A）；每周工作 5 天，每天工作时间不为 8 h，需计算 8 h 等效声级，噪声限值为85 dB（A）；每周工作不为5天，需计算40 h等效声级，噪声限值为85 dB（A）。

根据《建筑施工场界环境噪声排放标准》（GB 12523—2011），建筑施工过程中场界环境噪声，昼间不得超过70 dB（A），夜间不得超过55 dB（A）。

六、振动的危害及预防控制

1. 振动的危害

振动作用于人体后，在感觉上会引起不舒适，强烈的振动甚至让人不能忍受。振动可使人们的作业能力下降，引起姿势平衡和空间定向的障碍，影响听力和手眼动作配合的准确度，影响注意力集中，容易疲劳，导致工作效率降低。强烈的振动会造成组织器官移位、挤压而影响机体正常的生理功能，冲撞性振动甚至会造成组织损伤。

长期振动可引起周围神经和血管功能的改变、脚腿痛、下肢疲劳及感觉异常。由于前庭和内脏受振动刺激后的反射作用，可出现脸色苍白、冷汗、恶心、呕吐、头昏、眩晕、呼吸浅表、脉搏和血压降低等现象。

2. 建筑企业振动危害的预防控制

（1）加强施工工艺、设备和工具的更新、改造。尽可能避免使用手持风动工具；采用自动、半自动操作装置，减少手及肢体直接接触振动体；用液压、焊接、粘接等代替风动工具的铆接；采用化学法除锈代替除锈机除锈等。

（2）风动工具的金属部件改用塑料或橡胶，或用各种衬垫物，减少因撞击而产生的振动；提高工具把手的温度，改进压缩空气进出口方位，避免手部受凉风吹袭。

（3）手持振动工具应安装防振手柄，劳动者应戴防振手套，挖土机、推土机、铺路机、压路机等驾驶室应设置减振设施。

（4）减少手持振动工具的重量，改善手持工具的作业体位，防止强迫体位，以减轻肌肉负荷和静力紧张；避免手臂上举姿势的振动作业。

（5）采取轮流作业方式，减少劳动者接触振动的时间，增加工间休息次数和休息时间。冬季还应注意保暖防寒。

七、辐射的危害及防护措施

1. 电磁辐射对人体的危害

电磁辐射包括非电离辐射和电离辐射。非电离辐射分为射频辐射、红外线、紫外线、激光等，电离辐射包括X射线及γ射线等。

（1）射频辐射。包括高频电磁场、超高频电磁场和微波等。射频辐射对人体的影响不会导致组织器官的器质性损伤，主要引起功能性改变，并具有可逆性特征，在停止接触数周或数月后往往恢复。

（2）红外线辐射。红外线辐射对机体的影响主要是皮肤和眼睛。

（3）紫外线辐射。强烈的紫外线辐射作用可引起皮炎，表现为弥漫性红斑，有时可出现小水泡和水肿，并有发痒、烧灼感。在作业场所比较多见的是紫外线对眼睛的损伤，即由电弧光照射所引起的职业病——电光性眼炎。

（4）激光。激光对人体的危害是由它的热效应和光化学效应造成的，能烧伤皮肤。

（5）X射线及γ射线等。在一些特殊的工作场所，职工有可能接触到放射性物质（放射源）。放射源发出的放射线，可作用于人体的细胞、组织和体液，直接破坏机体结构或使人体神经内分泌系统调节发生障碍。当人体受到超过一定剂量的放射线照射时，便可产生一系列的病变（放射病），严重的可造成死亡。

［相关知识］

放射源发出的射线是人们看不见、闻不到、摸不着的，可能在无形中就对人体造成伤害。因此，在进入工作场所前，要了解现场是否有放射源。作业人员应熟知放射源物质的标签、标识的包装，严格遵守操作规程。

2. 建筑企业的防辐射措施

（1）不选用放射水平超过国家标准限值的建筑材料，尽可能避免使用放射源或射线装置的施工工艺。

（2）合理设置电离辐射工作场所，并尽可能安排在固定的房间或围墙内；综合采取时间防护、距离防护、位置防护和屏蔽防护等措施，使受照射的人数和受照射的可能性均保持在可合理达到的尽量低水平。

（3）按照《电离辐射防护与辐射源安全基本标准》（GB 18871—2002）的有关要求进行防护。将电离辐射工作场所划分为控制区和监督区，进行分区管理。在控制区的出入口或边界上设置醒目的电离辐射警告标志，在监督区边界上设置警戒绳、警灯、警铃和警告牌。必要时应设专人警戒。进行野外电离辐射作业时，应建立作业票制度，并尽可能安排在夜间进行。

（4）进行电离辐射作业时，劳动者必须佩戴个人剂量计，并尽量佩戴报警仪。

（5）电离辐射作业的劳动者经过必要的专业知识和放射防护知识培训，考核合格后持证上岗。

(6) 施工企业应建立电离辐射防护责任制，建立严格的操作规程、安全防护措施和应急救援预案，采取自主管理、委托管理与监督管理相结合的综合管理措施。

(7) 隧道、地下工程施工场所存在氡及其子体危害或其他放射性物质危害，应加强通风和防止内照射的个人防护措施。

(8) 工作场所的电离辐射水平应当符合国家有关职业卫生标准。当劳动者受照射水平可能达到或超过国家标准时，应当进行放射作业危害评价，安排合适的工作时间和选择有效的个人防护用品。

[**事故案例**]

2005 年 1 月 15 日，四川省泸州市某化工建设公司工业 X、γ 探伤班的一名临时工王某在进行作业时，与其一起使用铱（Ir）探伤机进行管线焊口摄片的另一临时工在推送铱源以控制曝光时间时，将放射源摇反了，因无警报器，致使王某在进行贴片时，全身受到不均匀放射性误照射。王某当晚即失眠，次日出现呕吐、毛发脱落、四肢无力等症状，6 ~ 7 天后双手出现红肿、水疱，在化工建设公司工地医务室做一般外伤诊治，2005 年 4 月初伤者双手“基本治愈”。2006 年 5 月，伤者左手拇指和食指以及右手拇指开始肿大，皮下出现脓液，在当地卫生院医治无效，于 2006 年 10 月 27 日做左手拇指和食指以及右手拇指切除。经四川省放射病诊断组会诊后得出如下结论：①轻度急性放射病（恢复期）；②双手放射性皮肤损伤Ⅲ度（左拇指、食指、右拇指截指，经劳动部门鉴定为 6 级肢残）；③双手放射性骨损伤。

该事故的主要原因是工人误操作，没有安装放射源监测警报器。

八、防暑降温

1. 高温作业对人体的影响

当高温环境的热强度超过一定限度时，可对人体产生多方面的不利影响。主要表现在以下几个方面。

（1）人体热平衡。在高温环境下作业可导致人体体温上升。如人体体温上升到38℃以上时，一部分人即可表现出头痛、头晕、心慌等症状。严重者可能导致中暑或热衰竭。

（2）水盐代谢。高温作业者由于排汗增多而丧失大量水分、盐分，若水分、盐分不能及时得到补充，可出现工作效率低、乏力、口渴、脉搏加快、体温升高等现象。

（3）循环系统。在高温条件下作业时，人的皮肤血管扩张，血管紧张度降低，可致使血压下降。但在高温与重体力劳动相结合的情况下，血压也可增高，但舒张压一般不增高，甚至略有降低，脉搏加快，心脏负担加重。

（4）消化系统。在高温环境下作业，易引起消化道胃液分泌减少，因而食欲减退。高温作业工人消化道疾病患病率往往高于一般工人，而且工龄越长，患病率越高。

（5）泌尿系统。长期在高温条件下作业，若水盐供应不足，可使尿浓缩，增加肾脏负担，有时可以导致肾功能不全。

（6）神经系统。在高温、热辐射环境下作业，可出现中枢神经系统抑制，注意力和肌肉工作能力降低，动作的准确性和协调性差。由于劳动者的反应速度降低，正确性和协调性受到阻碍，所以容易发生工伤事故。

2. 建筑企业的防暑降温措施

（1）夏季高温季节应合理调整作息时间，避开中午高温时间施工。严格控制劳动者加班，尽可能缩短工作时间，保证劳动者有充足的休息和睡眠时间。

（2）降低劳动者的劳动强度，采取轮流作业方式，增加工间休息次数和休息时间，如延长午休时间，尽量避开高温时段进行室外高温作业等。

（3）当气温高于37℃时，一般应当停止室外施工作业。

（4）各种机械和运输车辆的操作室和驾驶室应设置空调。

（5）在罐、釜等容器内作业时，应采取措施，做好通风和降温工作。

（6）在施工现场附近设置工间休息室和浴室，休息室内设置空调或电扇。

（7）夏季高温季节为劳动者提供含盐清凉饮料（含盐量为0.1%～0.2%），饮料水温应低于15℃。

（8）高温作业的工作服应结实、耐热、宽大、便于操作，应按不同作业的需要，佩戴工作帽、防护眼镜、隔热面罩及穿隔热靴等加强个体防护。

（9）高温作业人员应进行就业前和入暑前体检，凡有心血管系统疾病、高血压、溃疡病、肺气肿、肝病、肾病等疾病的人员，不宜从事高温作业。

[**事故案例**]

2010年7月31日下午5时许，刘某在江西省鹰瑞高速公路宁都田埠段服务区施工过程中突感头晕，随后被就近送至村卫生所治疗，并拨打120急救电话。经测量体温为40℃，属重度中暑，虽经急救，但在120急救车运送途中，刘某因重度中暑热衰竭死亡。

该事故的原因是刘某在室外从事高温作业，因缺乏有效的防护措施导致重度中暑，引发脑水肿等症状而死亡。

九、低温作业的危害及防护措施

1. 低温作业的类型

低温作业是指在寒冷季节从事室外作业以及室内无采暖的作业，或在冷藏设备的低温条件下以及在极区的作业。在低温环境中，肌体散热加快，引起身体各系统的一系列生理变化，可以造成局部性或全身性损伤，如冻伤或冻僵，甚至会导致死亡。

我国东北、华北及西北部分地区属于寒区。其气候特点是气温低、寒期长、温差大、寒潮多；雪期长，积雪深；结冻期长，冻土层厚。在这些地区遇到严寒、强风、潮湿条件，从事露天作业以及工艺上要求低温车间环境的，尤其是在衣服潮湿、饥饿时易发生冻伤。容易发生冻伤的作业有以下几种类型。

（1）冬季在寒冷地区或极区从事露天或野外作业，如建筑、装卸、农业、地质勘探等，以及在室内因条件限制或其他原因而无采暖的作业。

（2）在人工低温环境中工作，如储存肉类的冷库和酿造业的地窖等，这类低温作业的特点是没有季节性。

（3）在暴风雪中遭遇迷途、过度疲劳、船舶遇难等意外事故。

（4）人工冷却剂的储存、运输和使用过程中发生意外。

2. 低温作业对人体的影响

低温作业对人体的影响主要表现在以下几个方面。

（1）体温调节。寒冷刺激皮肤，引起人体皮肤血管收缩，身体散热减少，同时内脏血流量增加，代谢加强，肌肉产生剧烈收缩，产热增加，可保持正常体温。如果在低温环境中的时间过长，超过了人体的适应和耐受能力，体温调节发生障碍，当直肠温度降为30℃时，人体即出现昏迷，一般认为体温降至26℃以下极易引起死亡。

（2）中枢神经系统。在低温条件下，脑内高能磷酸化合物的代谢降低，此时神经兴奋性与传导能力减弱，出现痛觉迟钝和嗜睡状态。

（3）心血管系统。低温作用初期，心脏血液输出量增加，后期则心率减慢、心脏血液输出量减少。长时间在低温作用下可导致循环血量、白细胞和血小板减少，从而引起凝血时间延长，血糖降低。寒冷和潮湿能引起血管长时间痉挛，致使血管营养和代谢发生障碍，加之血管内血流缓慢，易形成血栓。

（4）其他部位。如果较长时间处于低温环境中，由于神经系统兴奋性降低，神经传导减慢，可造成感觉迟钝、肢体麻木、反应速度和灵活性降低，活动能力减弱。最先影响手足，可使作业能力受到不同程度的影响，由于动作能力降低，差错率和废品率上升。在低温下人体其他部位也发生相应变化，如呼吸减慢、血液黏稠度逐渐增加、胃肠蠕动减慢等。由于过冷致使全身免疫力和抵抗力降低，易患感冒、肺炎、肾炎等疾病，同时还可引起肌痛、神经痛、腰痛、关节炎等。

3．低温作业的防护措施

（1）避免或减少采用低温作业或冷水作业的施工工艺和技术。

（2）低温作业应当采取自动化、机械化工艺技术，尽可能减少低温、冷水作业时间。

（3）尽可能避免使用振动工具。

（4）做好防寒保暖措施，在施工现场附近设置取暖室、休息室等。劳动者应当配备防寒服（手套、鞋）等个人防护用品。

（5）注意个人防护。在低温环境中工作，应穿导热性小、吸湿性强的防寒服装、鞋靴、手套、帽子等。在潮湿环境下劳动时，应穿戴橡胶长靴或橡胶围裙等防湿用品。工作前后涂搽防护油膏也有一定的保护作用。必须使低温作业工人在就业时掌握防寒知识，养成良好的卫生习惯。

（6）采取卫生保健措施。加强耐寒锻炼，能够提高肌体对低温的适应能力，这是防止低温危害的有效方法之一。对于低温作业人员，应定期体检，年老、体弱及有心血管、肝、肾等疾病患者，应避免从事低温作业。

十、职业危害因素的检测

国家职业卫生有关法规标准对作业场所职业危害因素的采样和测定都有明确的规定。职业危害因素检测必须按计划实施，由专人负责，进行记录，并纳入已建立的职业卫生档案。常见政策法规主要为部门颁布的有关规章，例如《工作场所职业卫生监督管理规定》（国家安全生产监督管理总局令第47号）规定，存在职业病危害的用人单位，应当委托具有相应资质的职业卫生技术服务机构，每年至少进行一次职业病危害因素检测。职业病危害严重的用人单位，还应当委托具有相应资质的职业卫生技术服务机构，每三年至少进行一次职业病危害现状评价。检测、评价结果应当存入本单位职业卫生档案，并向安全生产监督管理部门报告和劳动者公布。

除国家主管部门颁布的有关规定外，现行职业卫生标准也对职业危害因素的布点采样等进行了详细的规定，主要职业卫生标准有《工作场所空气中有害物质监测的采样规范》（GBZ 159—2004）与《工作场所物理因素测量》（GBZ/T 189.1—2007 至 GBZ/T 189.11—2007）有关技术规范等。

对于工作场所中存在的粉尘和化学毒物的采样，根据其采样方式的不同又可以分为定点采样和个体采样两种类型。定点采样是指将空气收集器放置在选定的采样点、劳动者的呼吸带进行采样；个体采样是指将空气收集器佩戴在采样对象（选定的作业人员）的前胸上部，其进气口尽量接近呼吸带进行采样。

第三节　职业卫生管理

一、职业病危害项目申报

2012 年，国家安全生产监督管理总局颁布了《职业病危害项目申报办法》（国家安全生产监督管理总局令第 48 号）。该办法要求：用人单位（煤矿除外）工作场所存在职业病目录所列职业病的危害因素的，应当及时、如实向所在地安全生产监督管理部门申报危害项目，并接受安全生产监督管理部门的监督管理。

1. 申报的基本要求

职业病危害项目申报工作实行属地分级管理的原则。中央企业、省属企业及其所属用人单位的职业病危害项目，向其所在地设区的市级人民政府安全生产监督管理部门申报。其他用人单位的职业病危害项目，向其所在地县级人民政府安全生产监督管理部门申报。

职业病危害项目申报同时采取电子数据和纸质文本两种方式。用人单位应当首先通过“职业病危害项目申报系统”进行电子数据申报，同时将《职业病危害项目申报表》加盖公章并由本单位主要负责人签字后，连同有关文件、资料一并上报所在地设区的市级、县级安全生产监督管理部门。

2．申报内容

用人单位申报职业病危害项目时，应当提交《职业病危害项目申报表》和下列文件、资料：

（1）用人单位的基本情况；

（2）工作场所职业病危害因素种类、分布情况以及接触人数；

（3）法律、法规和规章规定的其他文件、资料。

3．申报的时间要求

（1）进行新建、改建、扩建、技术改造或者技术引进建设项目的，自建设项目竣工验收之日起30日内进行申报。

（2）因技术、工艺、设备或者材料等发生变化导致原申报的职业病危害因素及其相关内容发生重大变化的，自发生变化之日起15日内进行申报。

（3）用人单位工作场所、名称、法定代表人或者主要负责人发生变化的，自发生变化之日起15日内进行申报。

（4）经过职业病危害因素检测、评价，发现原申报内容发生变化的，自收到有关检测、评价结果之日起15日内进行申报。

（5）用人单位终止生产经营活动的，应当自生产经营活动终止之日起15日内向原申报机关报告并办理注销手续。

二、劳动过程中的职业卫生管理

1．用人单位职业病危害防治八条规定

2015 年 3 月 24 日，国家安全生产监督管理总局公布了《用人单位职业病危害防治八条规定》。

（1）必须建立健全职业病危害防治责任制，严禁责任不落实违法违规生产。

（2）必须保证工作场所符合职业卫生要求，严禁在职业病危害超标环境中作业。

（3）必须设置职业病防护设施并保证有效运行，严禁不设置不使用。

（4）必须为劳动者配备符合要求的防护用品，严禁配发假冒伪劣防护用品。

（5）必须在工作场所与作业岗位设置警示标识和告知卡，严禁隐瞒职业病危害。

（6）必须定期进行职业病危害检测，严禁弄虚作假或少检漏检。

（7）必须对劳动者进行职业卫生培训，严禁不培训或培训不合格上岗。

（8）必须组织劳动者职业健康检查并建立监护档案，严禁不体检不建档。

2．机构设置与职业卫生培训

职业病危害严重的用人单位，应当设置或者指定职业卫生管理机构或者组织，配备专职职业卫生管理人员。其他存在职业病危害的用人单位，劳动者超过 100 人的，应当设置或者指定职业卫生管理机构或者组织，配备专职职业卫生管理人员；劳动者在 100 人以下的，应当配备专职或者兼职的职业卫生管理人员，负责本单位的职业病防治工作。

用人单位应当对劳动者进行上岗前的职业卫生培训和在岗期间的定期职业卫生培训，普及职业卫生知识，督促劳动者遵守职业病防治的法律、法规、规章、国家职业卫生标准和操作规程。用人单位应当对职业病危害严重的岗位的劳动者，进行专门的职业卫生培训，经培训合格后方可上岗作业。

因变更工艺、技术、设备、材料，或者岗位调整导致劳动者接触的职业病危害因素发生变化的，用人单位应当重新对劳动者进行上岗前的职业卫生培训。

3. 职业卫生管理制度和操作规程

存在职业病危害的用人单位应当制订职业病危害防治计划和实施方案，建立、健全下列职业卫生管理制度和操作规程：

（1）职业病危害防治责任制度；

（2）职业病危害警示与告知制度；

（3）职业病危害项目申报制度；

（4）职业病防治宣传教育培训制度；

（5）职业病防护设施维护检修制度；

（6）职业病防护用品管理制度；

（7）职业病危害监测及评价管理制度；

（8）建设项目职业卫生“三同时”管理制度；

（9）劳动者职业健康监护及其档案管理制度；

（10）职业病危害事故处置与报告制度；

（11）职业病危害应急救援与管理制度；

（12）岗位职业卫生操作规程；

（13）法律、法规、规章规定的其他职业病防治制度。

4．工作场所的职业卫生要求

产生职业病危害的用人单位的工作场所应当符合下列基本要求：

（1）生产布局合理，有害作业与无害作业分开；

（2）工作场所与生活场所分开，工作场所不得住人；

（3）有与职业病防治工作相适应的有效防护设施；

（4）职业病危害因素的强度或者浓度符合国家职业卫生标准；

（5）有配套的更衣间、洗浴间、孕妇休息间等卫生设施；

（6）设备、工具、用具等设施符合保护劳动者生理、心理健康的要求；

（7）法律、法规、规章和国家职业卫生标准的其他规定。

产生职业病危害的用人单位，应当在醒目位置设置公告栏，公布有关职业病防治的规章制度、操作规程、职业病危害事故应急救援措施和工作场所职业病危害因素检测结果。存在或者产生职业病危害的工作场所、作业岗位、设备、设施，应当按照《工作场所职业病危害警示标识》（GBZ 158—2003）的规定，在醒目位置设置图形、警示线、警示语句等警示标识和中文警示说明。警示说明应当载明产生职业病危害的种类、后果、预防和应急处置措施等内容。

5．劳动合同的要求

用人单位与劳动者订立劳动合同（含聘用合同）时，应当将工作过程中可能产生的职业病危害及其后果、职业病防护措施和待遇等如实告知劳动者，并在劳动合同中写明，不得隐瞒或者欺骗。劳动者在履行劳动合同期间因工作岗位或者工作内容变更，从事与所订立劳动合同中未告知的存在职业病危害的作业时，用人单位应当向劳动者履行如实告知的义务，并协商变更原劳动合同相关条款。用人单位违反规定的，劳动者有权拒绝从事存在职业病危害的作业，用人单位不得因此解除与劳动者所订立的劳动合同。

用人单位不得安排未成年工从事接触职业病危害的作业，不得安排有职业禁忌的劳动者从事其所禁忌的作业，不得安排孕期、哺乳期女职工从事对本人和胎儿、婴儿有危害的作业。

[事故案例]

2010 年 8 月 5 日 10 时 50 分左右，北京市某路段改扩建及雨水、绿化工程，施工单位作业人员杨某在该路段中段新建地下污水管道检查井内进行抹灰作业。此时井内北侧一根直径 50 cm 的铸铁旧污水管道，因锈蚀老化，加上雨水聚积过多，导致管道内压力过大发生爆裂。管道内的污水与硫化氢气体同时涌出，正在井内作业的杨某瞬间被硫化氢气体熏倒，掉进污水井中。一同作业的孙某、王某、马某 3 人先后下到井内救人，均被熏倒。后经众人及时营救和 999 急救中心的救护，孙某、王某、马某 3 人全部脱离危险。杨某被污水冲入新建地下污水管道，3 个小时后在下游第 4 个污水检查井内被找到，已经死亡。

该起事故的原因如下：

（1）井内原有铁质污水管道年久锈蚀，封堵后聚积雨水过多，水压增大，致使管道薄弱处突然爆裂。管道内污水及产生的硫化氢气体涌出，将井内作业人员熏倒。

（2）项目部急于抢工，未按技术交底中的规定在井内搭设人员操作平台；作业人员缺乏安全意识，未按技术交底使用安全带，致使被毒气熏倒后直接坠入井底，被污水冲入管道。

（3）现场作业人员缺乏对人员发生硫化氢气体中毒后的应急救

护知识，盲目下井救人，致使3名抢救人员中毒。

三、职业健康监护

职业健康监护对从业人员来说是一项预防性措施，是法律赋予从业人员的权利，也是用人单位必须对从业人员承担的义务。通过健康监护，不仅可以起到保护员工健康、提高员工健康素质的作用，而且也便于早期发现疑似职业病病人，使其及早得到治疗。

职业健康监护的主要内容包括职业健康检查和建立职业健康监护档案。

1．职业健康检查

（1）上岗前的职业健康检查。用人单位应组织接触职业病危害因素的劳动者进行上岗前的职业健康检查，不得安排未经上岗前职业健康检查的劳动者从事接触职业病危害因素的作业，筛选职业禁忌证，保证不安排他们从事所禁忌的作业。

（2）在岗期间的职业健康检查。用人单位应组织接触职业病危害因素的劳动者进行在岗期间定期的职业健康检查，发现职业禁忌证者有与所从事职业相关的健康损害的，应及时调离原工作岗位并妥善安置；对需要复查和医学观察的劳动者，应当按照体检机构要求的时间安排复查和医学观察。

（3）离岗时的职业健康检查。用人单位对接触职业病危害因素的劳动者应进行离岗时的职业健康检查，对未进行离岗时职业健康检查的劳动者，不得解除或终止与其订立的劳动合同。用人单位发生分合、解散、破产时，亦应对接触职业危害因素的工人进行职业健康检查，并按照国家有关规定妥善安置职业病病人。

（4）应急的职业健康检查。用人单位对遭受或可能遭受急性职业病危害的劳动者，应及时组织进行职业健康检查和医学观察。

2．职业健康监护措施

用人单位应当根据职业健康检查报告，采取下列措施：

（1）对有职业禁忌的劳动者，调离或者暂时脱离原工作岗位。

（2）对健康损害可能与所从事的职业相关的劳动者，进行妥善安置。

（3）对需要复查的劳动者，按照职业健康检查机构要求的时间安排复查和医学观察。

（4）对疑似职业病病人，按照职业健康检查机构的建议安排其进行医学观察或者职业病诊断。

（5）对存在职业病危害的岗位，应立即改善劳动条件，完善职业病防护设施，为劳动者配备符合国家标准的职业病危害防护用品。

3．职业健康监护档案

职业健康监护档案是健康监护全过程的客观记录资料，是系统地观察劳动者健康状况的变化，评价个体和群体健康损害的依据，其特征是资料的完整性、连续性。

（1）职业健康监护档案。用人单位应当为每个劳动者建立职业健康监护档案。档案内容包括劳动者姓名、性别、年龄、籍贯、婚姻、文化程度、嗜好等情况，劳动者职业史、既往病史和职业病危害接触史，历次职业健康检查结果及处理情况，职业病诊疗资料，需要存入职业健康监护档案的其他有关资料。

（2）职业健康监护档案的管理。用人单位应当为劳动者个人建立职业健康监护档案，并按照有关规定妥善保存。安全生产行政执法人员、劳动者或者其近亲属、劳动者委托的代理人有权查阅、复印劳动者的职业健康监护档案。劳动者离开用人单位时，有权索取本人职业健康监护档案复印件，用人单位应当如实、无偿提供，并在所提供的复印件上签章。

［**事故案例**］

贵州省恒盛公司是一家专业生产工业硅的工业企业，坐落在贵州省黔东南州施秉县七里冲工业园区，有员工 1 000 余人，其产销规模世界第三，亚洲第一。自 1999 年年底投产以来，该公司从业人员长期受工业硅冶炼产生的粉尘危害。截至 2010 年 7 月 2 日，恒盛公司先后共有 1 343 名职工进行职业健康检查和职业病诊断，确诊矽肺患者 200 例，另外半年后需复查胸片的职工还有 262 人。

这起职业危害事故是一起群发性、社会影响较大的责任事故。事故的主要原因是公司工业硅冶炼过程产生的粉尘中游离二氧化硅含量较高，这些物质进入空气中成为可吸入颗粒物，能直接进入人体肺部，长期吸入导致矽肺病。事故的发生与公司厂区布置不合理、生产设备较简陋、企业对职业卫生工作不重视、有关部门监管不力等有直接关系。

这起事故中患病的工人多数获得了治疗，并得到了当地人事劳动社保部门一次性工伤保险赔付。事故的 23 名责任人分别受到了移送司法机关追究刑事责任、留党察看、行政记大过、行政记过等处分。